TEORIA QUÂNTICA

TEORIA QUÂNTICA

50 conceitos e ideias fundamentais explicados de forma clara e rápida

Editor
Brian Clegg

Colaboradores
Alexander Hellemans
Andrew May
Brian Clegg
Frank Close
Leon Clifford
Philip Ball
Sharon Ann Holgate
Sophie Hebden

Ilustrações
Ivan Hissey

PUBLIFOLHA

Creatively Independent

Título original: *30-Second Quantum Theory*

Publicado originalmente no Reino Unido em 2014 pela Ivy Press Limited, um selo editorial da Quarto Publishing plc., Ovest House, 58 West Street, BN1 2RA, Brighton, Inglaterra.

Coordenação do projeto Publifolha
Editora-assistente Isadora Attab
Coordenadora de produção gráfica Mariana Metidieri

Produção editorial Página Viva
Edição Tácia Soares
Tradução Fernando Santos
Revisão Geuid Dib Jardim
Consultoria Christine Cordula Dantas (doutora em astrofísica, membro do Instituto de Aeronáutica e Espaço, subordinado ao Departamento de Ciência e Tecnologia Aeroespacial)

Edição original Ivy Press
Diretor de criação Peter Bridgewater
Publisher Susan Kelly
Diretora editorial Caroline Earle
Editor Charles Phillips
Diretor de arte Michael Whitehead
Designer Ginny Zeal
Ilustrações Ivan Hissey
Editor do projeto Jamie Pumfrey
Editor convidado Brian Clegg
Textos dos glossários Brian Clegg
Colaboradores Alexander Hellemans, Andrew May, Brian Clegg, Frank Close, Leon Clifford, Philip Ball, Sharon Ann Holgate, Sophie Hebden

Dados Internacionais de Catalogação na Publicação (CIP)
(Câmara Brasileira do Livro, SP, Brasil)

Teoria quântica : 50 conceitos e ideias fundamentais explicados de forma clara e rápida / editor Brian Clegg ; ilustrações Ivan Hissey ; [tradução Fernando Santos]. -- São Paulo : Publifolha, 2018. -- (50 conceitos)

Vários colaboradores.
Título original: 30-Second Quantum Theory.
Bibliografia.
ISBN 978-85-94111-12-8

1. Teoria quântica 2. Teoria quântica - Obras populares I. Clegg, Brian. II. Série.

8-14286 CDD-530.12

Índices para catálogo sistemático:
1. Teoria quântica : Física 530.12

Este livro segue as regras do Acordo Ortográfico da Língua Portuguesa (1990), em vigor desde 1º de janeiro de 2009.

Impresso na China.

PUBLIFOLHA
Divisão de Publicações do Grupo Folha
Al. Barão de Limeira, 401, 6º andar
CEP 01202-900, São Paulo, SP
www.publifolha.com.br

SUMÁRIO

6 Introdução

12 O nascimento da teoria
14 GLOSSÁRIO
16 Catástrofe do ultravioleta
18 Os quanta de Planck
20 Einstein explica o efeito fotoelétrico
22 O previsível espectro de Balmer
24 Átomo de Bohr
26 **Perfil: Niels Bohr**
28 Dualidade onda-partícula
30 Ondas de matéria de de Broglie
32 Dupla fenda quântica

34 Fundamentos
36 GLOSSÁRIO
38 Spin quântico
40 Mecânica de matrizes
42 Equação de Schrödinger
44 **Perfil: Erwin Schrödinger**
46 Gato de Schrödinger
48 Princípio da incerteza de Heisenberg
50 Colapso das funções de onda
52 Decoerência

54 A física da luz e da matéria
56 GLOSSÁRIO
58 Princípio de exclusão de Pauli
60 Equação de Dirac
62 **Perfil: Paul Dirac**
64 Teoria quântica de campos
66 Princípios básicos da EDQ
68 Perigos da renormalização
70 Diagramas de Feynman
72 De volta no tempo

74 Interpretações e efeitos quânticos
76 GLOSSÁRIO
78 Divisores de feixe
80 Tunelamento quântico
82 Experiências superlumínicas
84 Interpretação de Copenhague
86 Interpretação de Bohm
88 **Perfil: David Bohm**
90 Colapso da consciência
92 Interpretação de Muitos Mundos

94 Emaranhamento quântico
96 GLOSSÁRIO
98 EPR
100 Desigualdades de Bell
102 **Perfil: John Bell**
104 Criptografia quântica
106 Bits quânticos
108 Computação quântica
110 Teletransporte quântico
112 Efeito Zenão quântico

114 Aplicações quânticas
116 GLOSSÁRIO
118 Laser
120 Transístor
122 Microscópio eletrônico
124 Equipamento imageador por ressonância magnética (IRM)
126 Junções Josephson
128 **Perfil: Brian Josephson**
130 Pontos quânticos
132 Óptica quântica

134 Limites quânticos
136 GLOSSÁRIO
138 Energia do ponto zero
140 Supercondutores
142 Superfluidos
144 Condensados de Bose-Einstein
146 **Perfil: Satyendra Nath Bose**
148 Cromodinâmica quântica
150 Biologia quântica
152 Gravitação quântica

154 Fontes de informação
156 Sobre os colaboradores
158 Índice
160 Agradecimentos

INTRODUÇÃO

Brian Clegg

A física que aprendemos na escola pode ser, francamente, bastante chata. Embora represente, certamente, um conjunto valioso de conhecimentos do século XIX, ela é muito pouco desafiadora. É uma pena não apresentarmos mais cedo aos alunos as partes mais emocionantes: e não existe nada mais emocionante e supreendente em toda a ciência do que a teoria quântica.

Coisas pequenas

A ideia de que a matéria e as coisas sejam feitas de fragmentos minúsculos remonta aos gregos antigos, mas as concepções dos atomistas (o nome "átomo" deriva da palavra grega *atomos*, "não divisível") foram em grande medida ofuscadas pela teoria dos quatro elementos, que considerava que tudo era feito de terra, ar, fogo e água. No fim do século XIX, os átomos reapareceram como conceitos úteis na química e na física, mas ninguém estava muito certo do que eles eram nem como funcionavam. Alguns até duvidavam de sua existência. Para surpresa dos cientistas, os átomos não somente se mostraram reais; esses minúsculos componentes de todas as coisas – do ser humano a um grão de poeira – também revelaram um comportamento muito mais estranho do que qualquer um esperaria.

Supôs-se, inicialmente, que os átomos e as partes que o compunham se comportariam exatamente como versões reduzidas das coisas comuns que vemos a nosso redor. Portanto, os cientistas pensavam que os átomos se deslocavam pelo ar como acontece com as bolas de tênis, embora numa escala reduzida. Quando se descobriu que eles tinham estrutura interna, primeiro se especulou que poderiam ser semelhantes a pudins de ameixa, com cargas negativas espalhadas (como as ameixas) num corpo positivo; porém, a revelação de que a maior parte de sua massa se encontrava num núcleo central deixou evidente que o átomo era parecido a um sistema solar em miniatura.

A revolução quântica

Inquietante para a velha guarda da física (embora encantadora para o restante de nós), essa imagem se mostrou insustentável. Um átomo construído como

um sistema solar não seria estável, e as partículas quânticas se recusavam a se comportar de forma tão previsível como uma bola de tênis. Com o desenvolvimento da teoria quântica, ficou claro que havia uma diferença fundamental entre o mundo microscópico e o mundo macroscópico. Bolas de tênis seguiam trajetórias claras dependendo de sua massa e das forças que atuavam sobre elas. Quanto às partículas quânticas, porém, só era possível calcular a probabilidade de que elas se comportassem de determinada maneira. No centro de seu comportamento estava a aleatoriedade, e, antes de serem observadas, era impossível ter certeza do que iriam fazer.

Isso deixou Einstein horrorizado, levando-o a escrever: "Acho bastante insuportável a ideia de que um elétron exposto à radiação escolha por sua livre e espontânea vontade não somente o momento de pular, mas também sua direção. Nesse caso, eu preferiria ser sapateiro, ou mesmo empregado numa casa de jogos, do que físico", e a fazer seus célebres comentários na linha de "Deus não joga dados". Outros, porém, ficaram fascinados.

O grande físico quântico americano Richard Feynman disse: "Vou lhes descrever como a Natureza é – e, se vocês não gostarem, isso vai impedir que a compreendam... [A teoria quântica] descreve a Natureza como absurda do ponto de vista do senso comum. E ela é plenamente compatível com a experiência. Portanto, espero que vocês possam aceitar a Natureza como ela é – absurda". Espero que este livro lhe dê a oportunidade de experimentar e relembrar a alegria de Feynman diante da total estranheza e do absurdo do mundo quântico.

Dividindo o quantum

Certamente existem poucos temas mais adequados para ser divididos em pequenas porções facilmente compreensíveis do que a teoria quântica. Os 50 tópicos que se seguem estão divididos em sete partes, cada uma delas responsável por uma porção dessa importante tarefa. Começamos, como convém, com **O nascimento da teoria**, que descreve como a visão clássica de que os átomos não eram diferentes dos objetos que vemos a nosso redor foi enfraquecida pela observação, e como a tentativa de descobrir

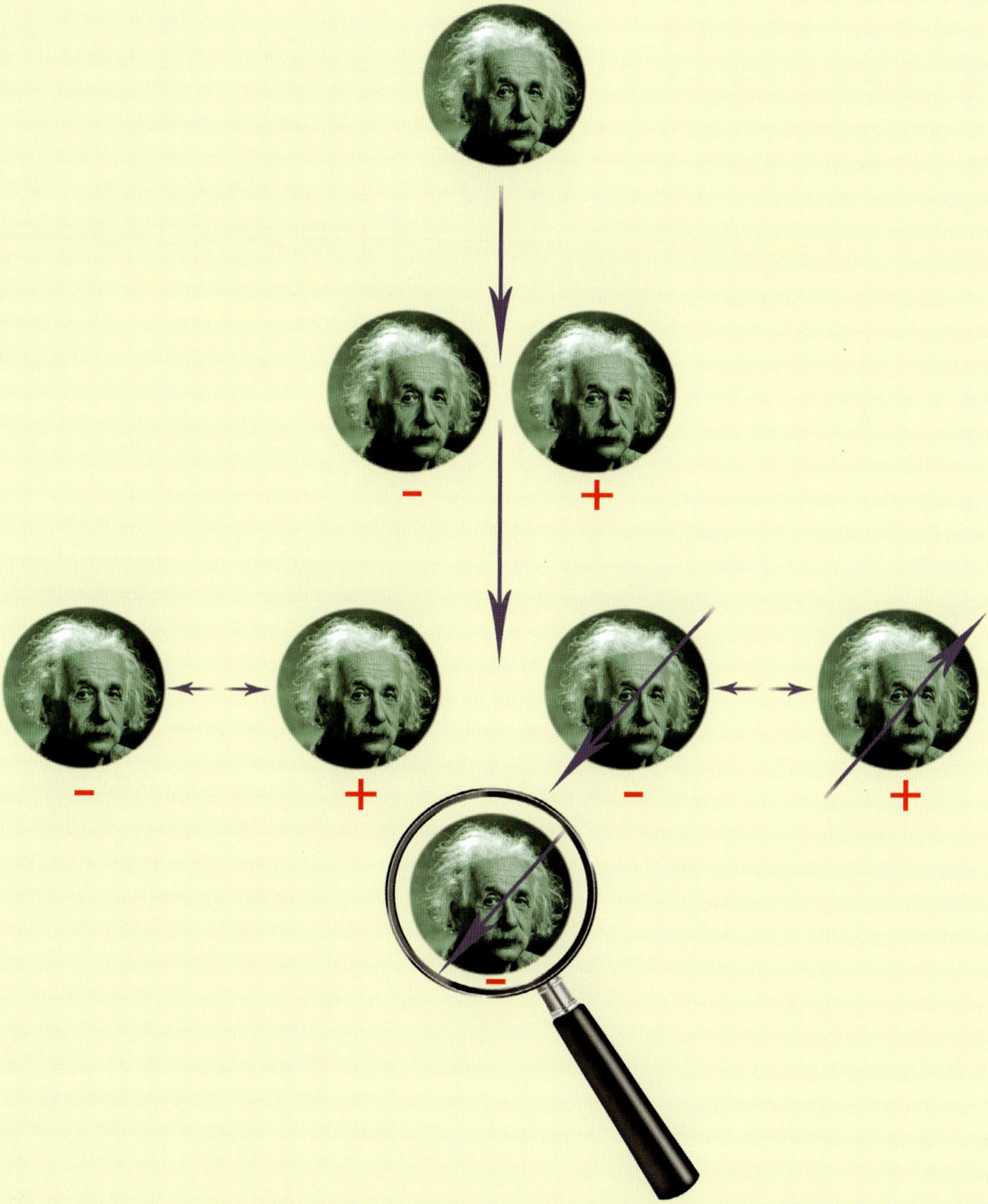

uma forma em que os átomos pudessem estar completamente estáveis exigiu uma abordagem muito diferente.

Das origens passamos aos **Fundamentos**, os componentes-chave da teoria quântica, alguns dos quais, como o Príncipio da Incerteza de Heisenberg, ultrapassaram os limites da física e se tornaram parte da cultura popular. Com esses fundamentos bem estabelecidos, podemos examinar a ciência de praticamente todas as nossas experiências diárias, **A física da luz e da matéria**. A eletrodinâmica quântica, a teoria que explica tudo, do modo como a luz do sol consegue nos aquecer à razão pela qual não atravessamos a cadeira quando sentamos, exigiu uma forma inteiramente nova de examinar o mundo quântico e se tornou a teoria mais bem-sucedida em termos da precisão com que ela prevê o que é observado.

Passamos então para algumas **Interpretações e efeitos quânticos** essenciais, explicando como podemos igualmente ver através de uma janela e ver um reflexo nela, ou como o efeito túnel mantém o Sol em funcionamento – e a questão polêmica da interpretação quântica. A teoria quântica é quase única nesse aspecto. Ela é uma teoria fantástica para prever o que observamos, mas ninguém tem certeza exatamente do que ela própria representa. Descrições como as interpretações de Copenhague, dos Muitos Mundos e de Bohm tentam pôr aquilo que é observado dentro de uma estrutura que explica por que tais observações são feitas, embora não tenhamos como diferenciar entre essas opções, escolhendo com base na preferência pessoal e não na boa lógica científica.

Na seção seguinte encontramos o fenômeno mais extraordinário da teoria quântica, o **Emaranhamento quântico**. Descrito por Einstein (que esperava utilizar o conceito para refutar a teoria quântica) como "ação misteriosa à distância", o emaranhamento torna possível que uma partícula quântica influencie outra instantaneamente, a qualquer distância, aparentemente em contradição com o limite da velocidade da luz da relatividade especial – e, contudo, experiências sucessivas confirmaram sua existência, e aplicações como criptografia quântica e computadores quânticos dependem do emaranhamento para funcionar.

As duas seções finais examinam os modos pelos quais a tecnologia baseada na teoria quântica penetrou em nosso cotidiano, e o potencial extraordinário da física quântica. Em **Aplicações quânticas** descobrimos o laser, o transístor, a imagem por ressonância magnética (IRM) e muito mais. Sempre que usamos eletricidade estamos fazendo uso de um fenômeno quântico; mas a eletrônica tornou um conhecimento explícito da teoria quântica um elemento importante do design de tecnologia, a tal ponto que se calcula que cerca de um terço do PIB dos países desenvolvidos tem origem em tecnologia baseada na teoria quântica.

Já com os **Extremos quânticos** poderemos compreender o mistério da energia de ponto zero – adorada pela ciência marginal, mas um efeito quântico real que significa que mesmo o vácuo não está vazio –, o comportamento peculiar das temperaturas extremamente baixas e a expansão da teoria quântica para o núcleo atômico, a gravidade e até a biologia.

Para começar

Com o apoio de ilustrações interessantes, cada tema é decomposto em partes para torná-lo mais acessível. O texto principal apresenta a descrição geral, enquanto a seção "Flash" sintetiza rapidamente o tema. Caso queira descobrir mais, a seção "Reflexão" destaca um aspecto particularmente intrigante do tema e o trata de maneira detalhada. Os "Temas relacionados" direcionam para outros tópicos que se seguem naturalmente, enquanto as biografias identificam nomes-chave no desenvolvimento da área.

O formato deste livro é, ele próprio, quantizado, dividindo os temas fundamentais para descobrir, desfrutar e absorver o que talvez seja o aspecto mais fascinante e complexo da ciência. Tudo que fazemos e vemos tem partículas quânticas no centro da ação – e, no entanto, essas partículas são extremamente diversas de tudo que experimentamos diretamente. Esse é o paradoxo e o encanto da teoria quântica, como você está prestes a descobrir.

O NASCIMENTO DA TEORIA

O NASCIMENTO DA TEORIA
GLOSSÁRIO

buraco negro Um lugar em que a matéria se tornou tão compacta que ela colapsa em um ponto sob o efeito da força da gravidade. Na maior parte das vezes é criado pelo colapso de uma estrela massiva. O tamanho aparente do buraco negro é seu "horizonte de eventos", que é a distância do centro em que nada, nem mesmo a luz, consegue escapar. O próprio buraco negro é uma singularidade, um ponto sem dimensão.

complementaridade Como na teoria quântica o ato de medir influencia o resultado, diferentes medições são complementares entre si. Portanto, por exemplo, dependendo de como se meça a luz, ela pode ter a aparência de uma onda ou de uma partícula, mas não de ambas ao mesmo tempo. A complementaridade afirma que a realidade não é nenhuma dessas, mas um todo do qual conseguimos detectar apenas uma parte a cada experimento.

comprimento de onda O comprimento de uma onda repetida em que ela passa por um ciclo completo, retornando ao ponto de partida do ciclo. Comprimento de onda é velocidade dividida por frequência.

constante de Planck Uma constante fundamental da natureza, tecnicamente o "quantum da ação", em que a ação é uma representação matemática da energia de um sistema que se move ao longo de uma trajetória. A constante, denominada pelo próprio Planck de *h*, descreve a relação entre a energia de um fóton e sua frequência (cor). Ela é muito pequena: um pouco acima de $6{,}6 \times 10^{-34}$ J . s.

corpo negro Um objeto hipotético que absorve toda luz que o atinge, qualquer que seja a frequência ou direção. Um corpo negro numa temperatura constante emite um espectro de luz (radiação do corpo negro) que depende inteiramente de sua temperatura e não é influenciado pela natureza do corpo.

fórmula/relação de Planck A relação entre a energia de um fóton e sua frequência, apresentada por meio de $E=h\upsilon$, em que h é a constante de Planck e υ é a frequência.

fóton Uma partícula quântica de luz e o condutor da força eletromagnética. Até o século XX, a luz era considerada uma onda, mas tanto a teoria como a experiência demonstram que ela também é uma partícula sem massa.

frequência O número de vezes que um fenômeno repetido ocorre em um segundo. Utilizado comumente em relação a uma onda, descrevendo o número de ciclos que a onda faz em um segundo (medido em hertz, em que 1 Hz é um ciclo por segundo). A frequência de uma onda é igual a sua velocidade dividida por seu comprimento de onda. Para um objeto quântico, a frequência é proporcional à energia do objeto.

lépton Uma partícula fundamental com um número quântico de spin de 1/2, cujo exemplo mais conhecido é o elétron. Outros léptons são o muon, o tau e os três tipos de neutrino.

quanta O plural de "quantum" (literalmente, "quanto", como em quantidade), mas usado para indicar uma partícula ou "pacote" que oferece a unidade mínima de energia ou matéria. Daí a "teoria quântica", que descreve o comportamento de partículas de matéria e de luz. Quando um valor é "quantizado", ele ocorre em montantes discretos. Uma família média, por exemplo, pode ter 2,3 filhos, mas, como filhos são quantizados, uma família real só pode ter um número inteiro de filhos.

radiação Hawking Esse efeito quântico, previsto por Stephen Hawking, é produzido quando partículas virtuais aparecem e desaparecem rapidamente no espaço. Normalmente elas não deixam nenhum traço, mas se isso acontece perto do evento de horizonte de um buraco negro, uma partícula pode ser atraída para dentro do buraco, enquanto a outra se afasta rapidamente, gerando radiação. (Portanto, os buracos negros não são realmente negros.) A radiação Hawking é um exemplo da radiação de um corpo negro, equivalente à de um corpo negro numa temperatura inversamente proporcional à massa do buraco negro.

salto quântico Apesar de usado popularmente para descrever uma mudança significativa, o salto quântico é um salto minúsculo – a mudança entre dois níveis de um sistema quantizado; por exemplo, o salto que um elétron faz entre órbitas de elétrons adjacentes.

CATÁSTROFE DO ULTRAVIOLETA

Histórias populares da mecânica quântica geralmente atribuem um papel central à chamada catástrofe do ultravioleta. No fim do século XIX, físicos perceberam que a física clássica prevê que a energia eletromagnética irradiada por um "corpo negro" – que podemos considerar como um objeto quente que absorve completamente a luz – torna-se infinita em relação a comprimentos de onda mais curtos que os da luz visível, na parte ultravioleta do espectro. Isso, evidentemente, era um equívoco, e em 1900 Max Planck descobriu que ele podia evitar a "catástrofe" pressupondo que os átomos oscilantes do material do corpo negro só podiam emitir energia em pacotes discretos – quanta – de um tamanho proporcional a sua frequência de vibração. Ele designou a constante de proporcionalidade como *h*, hoje conhecida como constante de Planck. Ainda não se chegou a um acordo sobre como exatamente Planck considerava seus "quanta", mas ele parece ter resistido durante anos à ideia de que eles correspondiam à realidade, considerando-os, em vez disso, como uma conveniência matemática. O fato de eles terem resolvido a catástrofe do ultravioleta – ao impor limitações às formas que um átomo de corpo negro pode oscilar em alta frequência e reduzindo, desse modo, a energia que ele irradia – só foi ressaltado mais tarde. Ainda assim, a teoria deu a Planck um Prêmio Nobel em 1918.

FLASH

A hipótese apresentada por Planck de que a energia é quantificada (dividida em blocos) evitou a catástrofe do ultravioleta prevista pela física clássica em relação à radiação de corpo negro.

REFLEXÃO

Um corpo negro perfeito parece uma entidade estranhamente exótica, mas é simplesmente uma idealização de um corpo quente. A ideia básica de que quanto mais quente o corpo, mais radiação de onda curta ele emite, tornou-se familiar com o calor vindo de um aquecedor elétrico de resistência ao esquentar, e também se aplica às estrelas. Até os buracos negros emitem radiação de corpo negro, na forma da chamada radiação Hawking. O buraco negro se comporta mais como um corpo negro com uma temperatura inversamente proporcional a sua massa.

TEMAS RELACIONADOS

OS QUANTA DE PLANCK
p. 18

EINSTEIN EXPLICA
O EFEITO FOTOELÉTRICO
p. 20

DADOS BIOGRÁFICOS

MAX PLANCK
1858-1947
Considerado, no início do século XX, o expoente supremo da física alemã

WILHELM WIEN
1864-1928
Físico alemão que descobriu experimentalmente como a intensidade da radiação de corpo negro em diferentes comprimentos de onda depende de sua temperatura

Textos por Philip Ball

A menos que a luz seja quantizada, o corpo negro emitiria radiação de forma incontrolável.

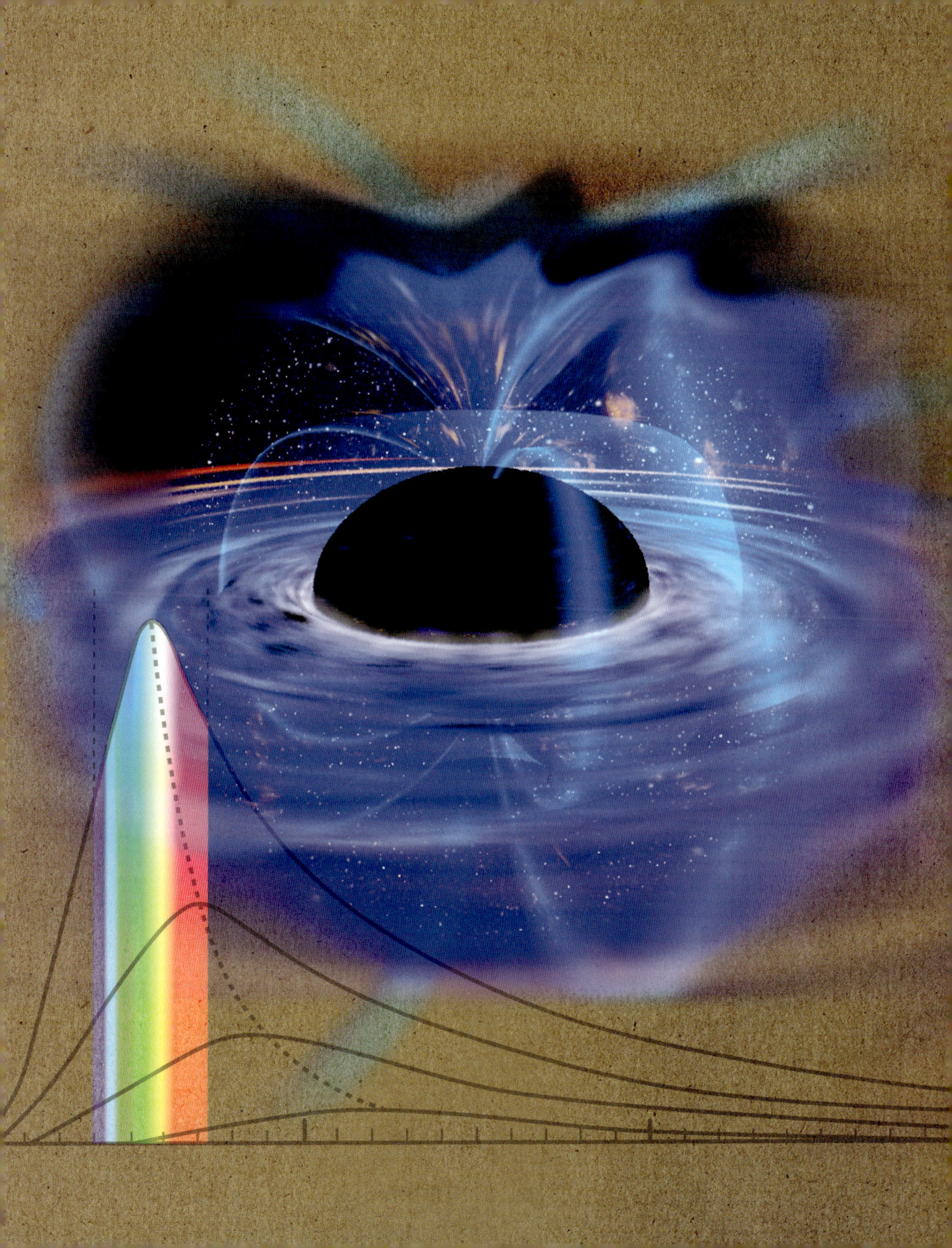

OS QUANTA DE PLANCK

No final dos anos 1890, na Alemanha, um fabricante de lâmpadas pediu a um jovem físico, Max Planck, que calculasse a energia emitida pelos filamentos incandescentes no interior das lâmpadas. Planck viu-se diante de um problema que os físicos da época não conseguiam resolver: descobrir uma fórmula da distribuição de comprimentos de onda de luz visível e infravermelha emitidos por um corpo negro em dada temperatura. Planck tentou tudo que a física teórica podia oferecer, inutilmente. No que chamou de um "gesto de desespero", ele introduziu a ideia de que a radiação de um corpo incandescente não é emitida num fluxo contínuo, como a água que escorre de uma torneira, mas, em vez disso, como uma torneira gotejante, em pacotes minúsculos – os quanta –, que ele chamou inicialmente de "elementos de energia". Ele supôs que a energia desses pacotes era inversamente proporcional a seu comprimento de onda, com a energia dos pacotes com os menores comprimentos de onda sendo a mais elevada. A relação entre o comprimento de onda desses quanta e sua energia ficou conhecida como relação de Planck. Quando Planck aplicou a ideia ao cálculo da energia correspondente aos comprimentos de onda pelos corpos incandescendes, descobriu que sua fórmula correspondia precisamente às medições de laboratório.

FLASH
Planck descobriu a quantificação da energia – o fato de que a energia é emitida ou absorvida pela matéria em pacotes discretos ou quanta –, revolucionando a física.

REFLEXÃO
Inicialmente Planck considerou o quantum como um construto matemático. Os físicos não deram muita atenção ao quantum até que Einstein explicasse, em 1905, o efeito fotoelétrico por meio da equiparação dos quanta de Planck aos fótons. A verdadeira natureza física dos quanta ficou evidente em seguida, quando Bohr explicou como os elétrons só conseguem se mover em órbitas fixas ao redor dos núcleos atômicos, e toda vez que mudam de órbita eles o fazem por meio da emissão ou da absorção de um fóton.

TEMAS RELACIONADOS
CATÁSTROFE DO ULTRAVIOLETA
p. 16

EINSTEIN EXPLICA O EFEITO FOTOELÉTRICO
p. 20

O PREVISÍVEL ESPECTRO DE BALMER
p. 22

ÁTOMO DE BOHR
p. 24

DADOS BIOGRÁFICOS
NIELS BOHR
1885-1962
Pioneiro dinamarquês da teoria quântica e adversário frequente de Einstein

Textos por Alexander Hellemans

Em vez de ondas contínuas, Planck imaginou a luz como pacotes independentes: os quanta.

EINSTEIN EXPLICA O EFEITO FOTOELÉTRICO

Em 1905, Einstein devia dar a impressão de ser uma fonte inesgotável de ideias revolucionárias. Cinco anos antes, Planck tinha sugerido que os corpos emitem radiação eletromagnética, como a luz, em pacotes ou "quanta", com uma energia proporcional a sua frequência. Para Planck, essa hipótese era um truque matemático que fazia as equações produzirem resultados consideráveis. Porém, quando Einstein afirmou que a quantificação da energia não era um acidente da emissão de luz, mas uma propriedade fundamental da própria luz – que a luz era composta de um fluxo de partículas discretas chamadas fótons, e não um feixe contínuo –, isso foi um passo grande demais para a maioria dos cientistas. No entanto, Einstein sugeriu uma maneira de testar sua hipótese. No início dos anos 1900, Philipp Lenard havia demonstrado que a luz projetada sobre pedaços de metal expele elétrons: o chamado efeito fotoelétrico. Mas havia algo estranho: quando se aumentava o brilho da luz, os elétrons não escapavam com mais energia, simplesmente havia um número maior deles. No novo modelo de Einstein isso fazia sentido: um feixe mais brilhante contém mais fótons, embora com a mesma energia de antes. Depois que suas previsões a respeito do efeito fotoelétrico foram comprovadas experimentalmente por Robert Millikan ao longo da década seguinte, Einstein recebeu o Prêmio Nobel de Física de 1921 por seu trabalho.

FLASH
Ao sugerir que a luz é composta de pacotes de energia chamados fótons, Einstein conseguiu explicar as características intrigantes do efeito fotoelétrico.

REFLEXÃO
Millikan passou dez anos testando a teoria de Einstein com experiências meticulosas que exigiam eletrodos metálicos extremamente limpos – mas ele agiu assim porque estava convencido de que a teoria estava errada. Mesmo quando os resultados de Millikan confirmaram as previsões, ele não acreditou na visão quântica da luz de Einstein, dizendo que lhe faltava qualquer "base teórica satisfatória". É o que acontece frequentemente com ideias revolucionárias.

TEMAS RELACIONADOS

CATÁSTROFE DO ULTRAVIOLETA
p. 16

OS QUANTA DE PLANCK
p. 18

DADOS BIOGRÁFICOS

PHILIPP LENARD
1862-1947
Físico experimental alemão, ganhador do Nobel em 1905 e simpatizante nazista que se referiu ao trabalho de Einstein como "física judaica"

ALBERT EINSTEIN
1879-1955
Físico de origem alemã que desenvolveu a relatividade especial e geral e contribuiu para o surgimento da teoria quântica

Textos por Philip Ball

Einstein percebeu que era a energia de quanta de luz individuais que expulsava os elétrons nos experimentos fotoelétricos.

O PREVISÍVEL ESPECTRO DE BALMER

Quando Niels Bohr estava trabalhando em seu modelo quântico do átomo, tinha como objetivo fornecer uma estrutura estável para que os elétrons existissem em torno de um núcleo central positivamente carregado. Porém, em fevereiro de 1913 ele tomou conhecimento de uma descoberta publicada por um professor, Johann Balmer, 28 anos antes. Bohr estava conversando com um colega, Hans Hansen, que mencionou que Balmer tinha criado uma fórmula que previa as linhas espectrais emitidas pelo hidrogênio. Quando um elemento é aquecido, ele não produz cores contínuas, mas linhas estreitas do espectro de cores. Balmer descobrira que a frequência dessas linhas correspondia a uma fórmula numérica simples. Até ouvir isso, Bohr presumira que os átomos emitissem luz com frequências correspondentes ao ritmo de vibração ou rotação de um elétron – a teoria aceita na época. A equação de Balmer o fez perceber que a frequência da luz, vinculada à energia dos fótons por meio da fórmula simples de Planck, correspondia aos diferentes intervalos de energia entre as órbitas fixas dos elétrons que ele concebera. O novo modelo de Bohr não somente explicou por que o átomo era estável, mas por que frequências específicas de luz eram emitidas em seu espectro.

FLASH
A descoberta acidental de uma antiga fórmula fez com que Bohr percebesse que seu novo modelo atômico explicava tanto a estabilidade dos átomos como a energia dos fótons que eles emitiam.

REFLEXÃO
Bohr disso a seu colega, o físico Léon Rosenfeld: "Assim que eu vi a fórmula de Balmer, tudo ficou imediatamente claro para mim... Eu desconhecia inteiramente as fórmulas espectrais. Então eu as pesquisei... E descobri que havia algo muito simples a respeito do espectro de hidrogênio". A fórmula estava em um caderno que Bohr tinha usado quando era estudante; portanto, ele a teria visto. Mas foi a observação casual de Hansen que suscitou a principal contribuição de Bohr para a teoria atômica.

TEMAS RELACIONADOS

CATÁSTROFE DO ULTRAVIOLETA
p. 16

ÁTOMO DE BOHR
p. 24

EQUAÇÃO DE DIRAC
p. 60

DADOS BIOGRÁFICOS

JOHANN JAKOB BALMER
1825-1898
Professor suíço que também ensinou matemática na Universidade de Basileia

LÉON ROSENFELD
1904-1974
Físico quântico belga e registrador da história da física moderna que deu o nome à classe de partícula lépton

Textos por Brian Clegg

Se os elétrons tivessem órbitas fixas, o salto entre as órbitas produziria cores de luz características.

ÁTOMO DE BOHR

FLASH
Em seu modelo do átomo, Bohr pôs os elétrons em trajetórias orbitais, impedindo que se movessem em espiral até serem destruídos.

REFLEXÃO
Uma forte influência no pensamento de Bohr foi o que ele descreveu como "o mecanismo de radiação proposto por Planck e Einstein" – a ideia de que os átomos só podiam emitir luz em porções fixas ou "quanta". Ao pôr elétrons em órbitas fixas, ele podia assegurar que a energia que eles absorviam ao saltar para o nível de cima ou liberavam quando desciam um nível – conhecido como salto quântico – correspondia à energia de um fóton adequado.

Quando Niels Bohr foi para a Inglaterra em 1911 com uma bolsa de estudos de um ano, a estrutura do átomo era desconhecida. Depois de se mudar para Manchester, onde ficava o laboratório de Ernest Rutherford, Bohr dedicou-se a estabelecer um modelo que fosse compatível com a descoberta do núcleo atômico de Rutherford. Ele precisava descobrir uma estrutura estável para que os elétrons de um átomo existissem fora do núcleo. Bohr sugeriu inicialmente que os elétrons tinham uma ligação elástica com o núcleo, usando a ideia dos quanta de Planck para limitar suas possíveis frequências de vibração, mas isso não bateu com as observações. Já se sabia que não havia estrutura estável com os elétrons fixos no lugar, mas a alternativa – elétrons que se moviam em órbitas como planetas – gerava seus próprios problemas. Quando um corpo carregado acelera (como tudo que está em órbita faz), ele emite radiação eletromagnética. Se os elétrons fossem planetas em torno do sol do núcleo, eles teriam de se mover em espiral para dentro do centro, perdendo energia na trajetória e sendo destruídos. Como esse resultado claramente não era evidente, Bohr sugeriu que os elétrons só poderiam se mover em órbitas fixas, pulando de uma órbita para outra, nunca ocupando os espaços intermediários.

TEMAS RELACIONADOS

OS QUANTA DE PLANCK
p. 18

O PREVISÍVEL ESPECTRO DE BALMER
p. 22

EPR
p. 98

DADOS BIOGRÁFICOS

JOSEPH JOHN THOMSON
1856-1940
Físico britânico descobridor do elétron

ERNEST RUTHERFORD
1871-1937
Físico neozelandês que descobriu a meia-vida radiativa e o núcleo atômico

Textos por Brian Clegg

Diferentemente dos planetas, nos átomos de Bohr os elétrons estavam limitados a órbitas específicas, incapazes de ocupar os espaços intermediários.

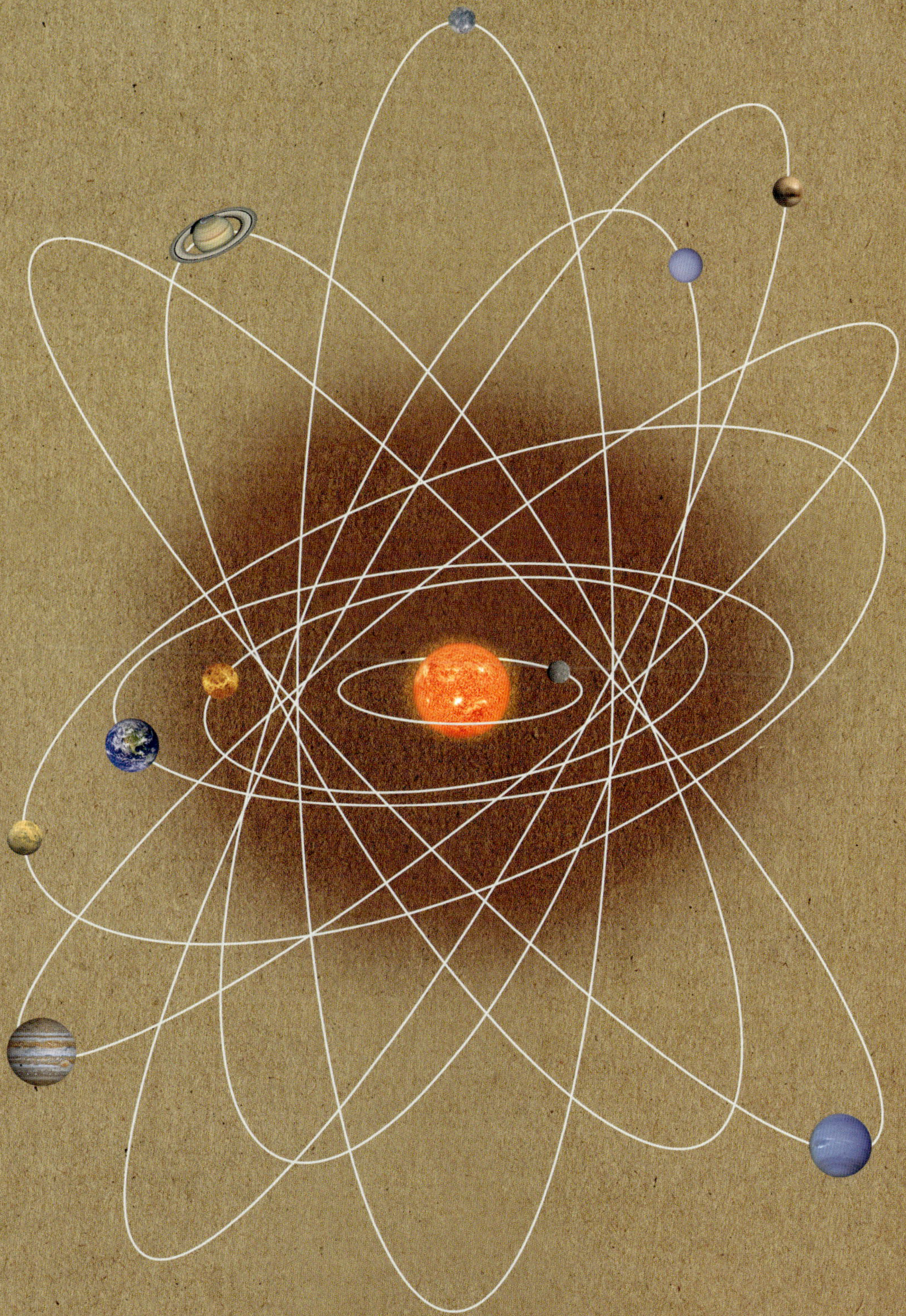

7 de outubro de 1885
Nasce em Copenhague, filho do professor dinamarquês de fisiologia Christian Bohr e de sua esposa judia Ellen, nascida Adler

1908
Publica um premiado ensaio sobre a tensão de superfície em *Transactions of the Royal Society*

1911
Recebe o título de doutor pela Universidade de Copenhague

1911-12
Um ano na Inglaterra, em Cambridge e Manchester, o põe na trajetória do átomo quântico

1912
Casa-se com Margrethe Norlund, que se torna sua secretária

1913
Publica o “modelo atômico de Bohr”

1913
Torna-se professor adjunto de física na Universidade de Copenhague

1914
Torna-se professor adjunto de física na Universidade de Manchester

1916
Torna-se professor de física teórica na Universidade de Copenhague

1920
Nomeado chefe do novo Instituto de Física Teórica na Universidade de Copenhague

1922
Recebe o Prêmio Nobel de Física por seu trabalho sobre a estrutura atômica

meados dos anos 1920
O desenvolvimento da moderna mecânica quântica, a chamada Interpretação de Copenhague, torna-se a base de uma série de intensos debates entre Bohr e Einstein

1931
Muda-se com a família para a Residência Honorária Carlsberg, em Valby, Copenhague

início dos anos 1930
Passa a se interessar pelo núcleo do átomo

1943
Escapa de ser preso pela polícia alemã cruzando a fronteira sueca, indo em seguida para o Reino Unido e depois para os EUA. Consultado sobre a bomba atômica

18 de novembro de 1962
Morre em Copenhague

1965
O Instituto de Física Teórica dinamarquês muda de nome para Instituto Niels Bohr

1997
O elemento 107 recebe o nome de bóhrio

NIELS BOHR

Apesar do impressionante doutorado recém-conquistado em Copenhague, o jovem físico dinamarquês Niels Bohr transformou sua carreira quando, em 1911, partiu para uma estadia de um ano no Reino Unido, começando em Cambridge sob a orientação de J. J. Thomson, descobridor do elétron. Um primeiro encontro com Thomson, durante o qual Bohr lhe disse que havia um erro em um de seus livros, pode ter azedado a relação, mas Bohr logo foi convidado a se juntar a Ernest Rutherford, em Manchester, onde aprofundou a descoberta de Rutherford do núcleo atômico, desenvolvendo um modelo da estrutura do átomo baseado na nova teoria quântica. Após publicar seus artigos sobre o átomo, Bohr nunca mais foi o mesmo.

Por mais que fosse brilhante, Bohr podia dar a impressão de ter o raciocínio lento. Ele passava um tempo enorme estruturando suas ideias antes de falar. Um colega, James Franck, disse: "Seu rosto ficava vazio, os braços pendentes, e não dava para saber nem se aquele sujeito conseguia enxergar. Você pensava que ele devia ser um idiota. Não havia o mínimo sinal de vida. Então, subitamente, um brilho tomava conta dele e uma centelha surgia, e ele então dizia: 'Agora eu sei'".

Bohr estava no centro do desenvolvimento da teoria quântica, juntamente com Schrödinger, De Broglie e Heisenberg. Ele rejeitou as preocupações de Einstein a respeito da natureza dessa poderosa mas misteriosa teoria que explicava o comportamento de átomos, elétrons e fótons. Einstein odiava a ideia de que a probabilidade era crucial para a teoria quântica e montava armadilhas para Bohr quando eles se encontravam em conferências, preparando experiências que, segundo ele, demonstravam falhas da teoria. Bohr em geral ficava um dia refletindo sobre o problema e trazia a solução.

Durante muitos anos Bohr chefiou o Instituto de Física Teórica de Copenhague, onde trabalhou na natureza da teoria quântica, concebendo a ideia de "complementaridade", a qual sugere que o modo de medir as partículas quânticas influencia inevitavelmente os resultados. Em 1931 ele foi convidado a morar na Residência Honorária de Carlsberg, em Copenhague. A luxuosa casa de campo, na qual morara o fundador da Carlsberg, o cervejeiro Carl Jacobsen, era posta à disposição da pessoa que mais honrasse a Dinamarca.

Em meados dos anos 1930, Bohr ampliou o modelo da "gota líquida" do núcleo de Carl von Weizsäcker, que trata os prótons e os então recém-descobertos nêutrons como um fluido incompressível, oferecendo previsões sobre a energia de ligação nuclear que seriam valiosas para a equipe que descobriu a fissão nuclear. Em meados dos anos 1940, Bohr, cuja mãe era judia, corria perigo na Dinamarca ocupada pelos nazistas, e foi obrigado a se mudar para o RU e depois para os EUA. Tímido e às vezes difícil de entender, Bohr inspirou uma geração de estudantes a dar novos passos na física.

Brian Clegg

DUALIDADE ONDA-PARTÍCULA

FLASH
Ao pressupor que partículas podem se comportar como ondas e ondas como partículas, De Broglie resolveu um paradoxo que atormentava a teoria quântica.

REFLEXÃO
Os pesquisadores logo descobriram que era possível medir as propriedades da luz como partículas ou ondas, mas não ambas. Isso levou Bohr a formular o princípio da complementaridade: a luz aparece na forma de partículas quando sua energia é medida, por exemplo, no efeito fotoelétrico, ou como uma onda, nos experimentos de difração. O princípio da complementaridade, que também inclui o Princípio da Incerteza de Heisenberg foi a base, sozinho, da Interpretação de Copenhague da mecânica quântica.

Em 1905, Einstein explicou o efeito fotoelétrico – a emissão de elétrons de superfícies metálicas quando irradiadas com luz – pressupondo que a luz é composta de partículas que expulsam elétrons dos metais. Einstein percebeu que essas partículas de luz eram os quanta descobertos por Planck. No entanto, a noção de partículas de luz, posteriormente chamadas de fótons, era considerada contraditória com o comportamento da luz como uma onda em fenômenos como difração – a luz branca se divide nas cores do arco-íris, tal como é visto na luz refletida em um CD – ou interferência – o fato de que dois feixes de luz criados por uma dupla fenda podem se anular mutuamente. Essa contradição preocupou Einstein até 1923, quando Louis de De Broglie postulou a ideia de que se os fótons de luz podem se comportar como partículas ou como ondas, o mesmo deveria se aplicar a outras partículas, a exemplo dos elétrons. Posteriormente, Erwin Schrödinger adotou a ideia de De Broglie e, considerando os elétrons dentro dos átomos como ondas, calculou os comprimentos de onda da luz emitida. Em 1927, George Paget Thomson e Clinton Davisson demonstraram que um feixe de elétrons estreito, ao passar através de um filme metálico ou cristal fino, se divide em um padrão de difração de anéis concêntricos, comprovando, assim, a teoria de De Broglie.

TEMAS RELACIONADOS
OS QUANTA DE PLANCK
p. 18

EINSTEIN EXPLICA
O EFEITO FOTOELÉTRICO
p. 20

ÁTOMO DE BOHR
p. 24

ONDAS DE MATÉRIA
DE BROGLIE
p. 30

DADOS BIOGRÁFICOS

ERWIN SCHRÖDINGER
1887-1961
Físico austríaco e pioneiro da mecânica de ondas

LOUIS DE BROGLIE
1892-1987
Físico francês que percebeu que qualquer partícula pode se comportar como onda

Textos por Alexander Hellemans

Dependendo do processo e do modo como são medidas, as entidades quânticas podem aparecer como ondas ou partículas.

ONDAS DE MATÉRIA DE BROGLIE

Se, como Einstein demonstrara, as ondas de luz podiam se comportar como partículas de matéria, será que as partículas de matéria podiam se comportar como ondas? Em 1923, Louis de Broglie se dispôs a examinar se isso poderia ser verdade e desenvolveu uma teoria das ondas de matéria. Ele percebeu que, para as partículas como elétrons se comportarem como ondas elas precisavam ter uma frequência e um comprimento de onda – as propriedades essenciais mensuráveis da onda – e gerar padrões de difração e interferência – fenômenos relacionados exclusivamente às ondas. De Broglie calculou que o comprimento de onda de uma partícula de massa conhecida está relacionado a sua velocidade, e que a frequência da partícula é proporcional a sua energia. Em 1927, tais teorias foram confirmadas pela descoberta da difração de elétrons em experiências distintas, realizadas por George Thomson, no Reino Unido, e Clinton Davisson e Lester Germer, nos EUA. Ambas as experiências demonstraram que elétrons disparados num alvo sólido se comportavam como ondas e apresentavam difração. Uma demonstração posterior da interferência de elétrons no experimento da dupla fenda quântica forneceu outra confirmação. Desde então, padrões de difração e interferência foram demonstrados para moléculas cada vez maiores – algumas suficientemente grandes para ser vistas com microscópios eletrônicos. A descoberta da característica ondulatória dos elétrons feita por De Broglie abriu novos caminhos para o desenvolvimento da física quântica.

FLASH

De Broglie demonstrou que as partículas podiam se comportar como ondas, assim como as ondas podiam se comportar como partículas.

REFLEXÃO

O comprimento de onda de uma partícula, conhecido como comprimento de onda de De Broglie, é inversamente proporcional ao momentum da partícula. Ele pode ser calculado para um átomo, uma molécula e, em princípio, para um objeto muito maior, embora, em razão da massa de, digamos, uma pessoa ser tão grande comparada a uma partícula, seu comprimento de onda é pequeno demais para ser observado.

TEMAS RELACIONADOS

EINSTEIN EXPLICA O EFEITO FOTOELÉTRICO
p. 20

DUALIDADE ONDA-PARTÍCULA
p. 28

DUPLA FENDA QUÂNTICA
p. 32

DADOS BIOGRÁFICOS

CLINTON DAVISSON
1881-1958
Físico americano que descobriu a difração do elétron em um cristal de níquel

GEORGE PAGET THOMSON
1892-1975
Físico britânico que descobriu a difração do elétron em uma folha de metal fina

LOUIS DE BROGLIE
1892-1987
Físico francês que sugeriu que os elétrons tinham natureza ondulatória

Textos por Leon Clifford

Os padrões de difração do elétron mostra que eles podem se comportar como ondas, ou seja, nem sempre como partículas convencionais.

DUPLA FENDA QUÂNTICA

Um século antes de Planck e Einstein demonstrarem que a luz é emitida e absorvida na forma de fótons semelhantes a partículas, Thomas Young concebeu uma célebre experiência que parecia demonstrar algo diferente. Se um feixe de luz passa através de duas fendas estreitas e é projetado numa tela, podemos esperar ver apenas duas linhas brilhantes opostas às fendas. Em vez disso, a experiência produz um padrão de linhas múltiplas com um pequeno intervalo entre si. Essas linhas, conhecidas como franjas de interferência, são características das ondas, não das partículas. No entanto, a luz que atinge a tela é detectada, como sempre acontece com a luz, na forma de fótons discretos. A experiência da dupla fenda é uma demonstração impressionante da dupla natureza da luz: ela se propaga como uma onda, mas interage como um fluxo de partículas. O mesmo se aplica à matéria: a experiência da dupla fenda produz resultados idênticos se forem usados elétrons em vez de fótons. Mesmo se os elétrons forem disparados através das fendas um de cada vez, o mesmo padrão de interferência característico se manifesta. Um único elétron atua como uma onda que pode interferir em si mesma! Originalmente um "experimento mental" atribuído a Richard Feynman, autor da célebre descrição da dupla fenda como "o coração da mecânica quântica", esse resultado bizarro foi confirmado em laboratório.

FLASH
O experimento da dupla fenda demonstra a natureza essencialmente dupla da luz, que é, ao mesmo tempo, uma onda e um fluxo de partículas.

REFLEXÃO
Se detectores de fóton são introduzidos na trajetória da luz para permitir que o pesquisador determine por qual das duas fendas o fóton passa, então o padrão de interferência desaparece. A luz passa a se comportar como partículas, não como ondas. No experimento de "escolha adiada" de Wheeler, a decisão de procurar um comportamento característico de partícula ou de onda é tomada depois de o fóton ter passado através da fenda... mas ainda se pode ver o tipo de comportamento que se está procurando.

TEMAS RELACIONADOS

DUALIDADE ONDA-PARTÍCULA
p. 28

COLAPSO DAS FUNÇÕES DE ONDA
p. 50

DIVISORES DE FEIXE
p. 78

ÓPTICA QUÂNTICA
p. 132

DADOS BIOGRÁFICOS

THOMAS YOUNG
1773-1829
Polímata inglês e pioneiro brilhante em diversas disciplinas

RICHARD FEYNMAN
1918-1988
Físico teórico americano e ganhador do Prêmio Nobel que também era um grande divulgador da ciência

Textos por Andrew May

Classicamente, ondas são necessárias para a produção de interferência em experimentos de dupla fenda.

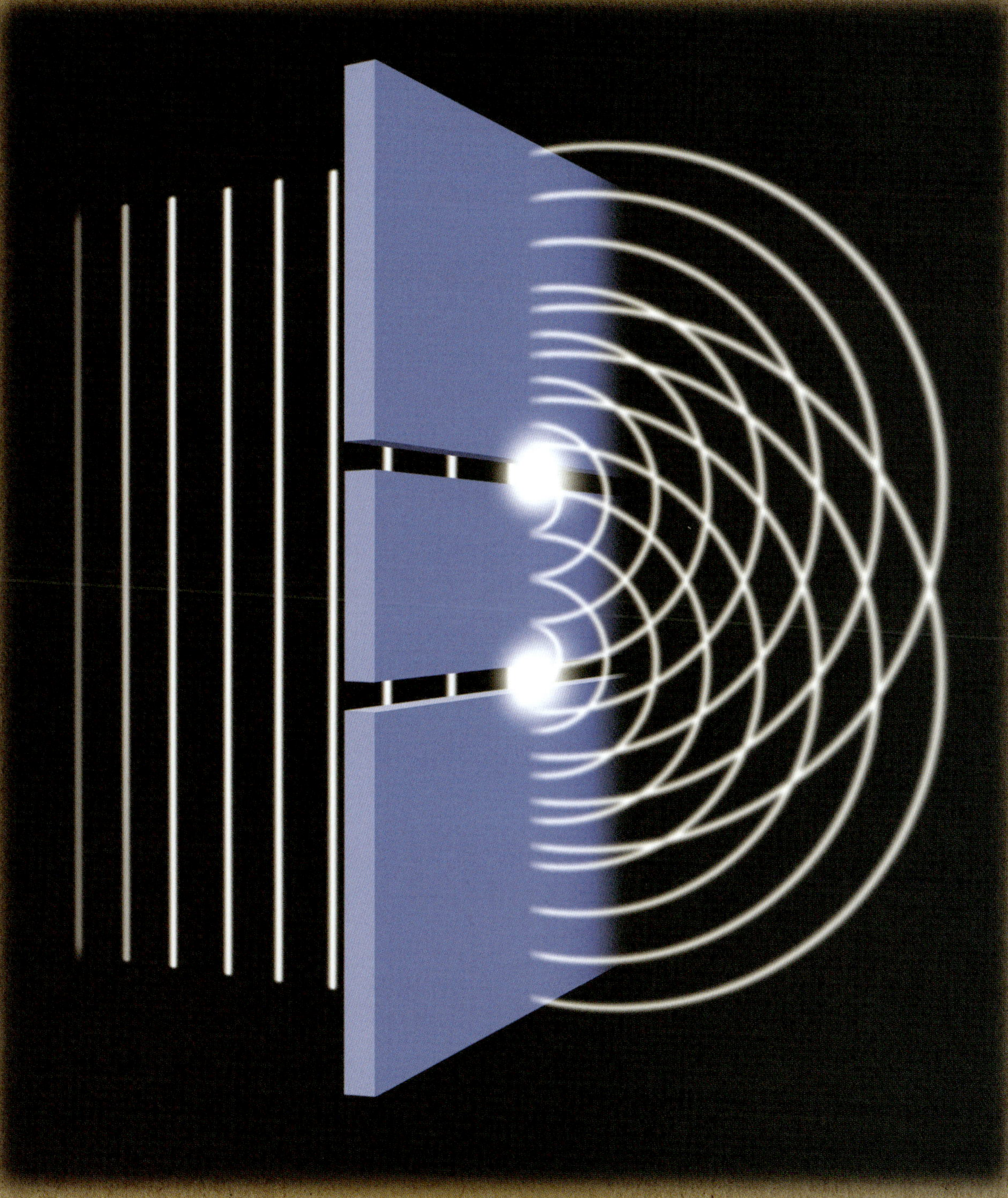

FUNDAMENTOS

aceleradores de partículas A principal ferramenta da física de partículas. Os aceleradores conferem às partículas carregadas velocidades próximas à da luz e então as lançam contra outras partículas ou objetos sólidos. O resultado é um jato de partículas novas geradas pela colisão. Até hoje, a maior dessas máquinas é o Grande Colisor de Hádrons (LHC, na sigla em inglês) no CERN (antigo acrônimo para Conseil Européen pour la Récherche Nucléaire – Centro Europeu de Pesquisa Nuclear). Estendendo-se através da fronteira entre a Suíça e a França, o LHC fica dentro de um túnel de 27 km que acelera feixes de prótons em direções opostas antes de provocar a colisão deles.

eletrodinâmica quântica Normalmente abreviada para EDQ, a eletrodinâmica quântica é a teoria do modo como a luz e a matéria (normalmente um elétron) interagem. É uma teoria quântica de campo relativista, porque leva em conta a relatividade especial, é quantizada e representa um campo imaginando que cada partícula é acompanhada por um relógio que gira rapidamente. Seu ponteiro indica a fase da partícula e a probabilidade de tomar uma trajetória específica.

equação não relativista Uma equação que não leva em conta a relatividade. A segunda lei de Newton (força = massa x aceleração) é uma equação não relativista. Para velocidades bem abaixo da velocidade da luz, isso é, de fato, correto, mas à medida que a velocidade aumenta, os efeitos relativistas se tornam importantes; por exemplo, a massa de um objeto aumenta com a velocidade.

espaço-tempo A relatividade trata o tempo como uma quarta dimensão. Na relatividade não existe posição absoluta nem tempo absoluto, porque o modo como os objetos se movem influencia sua posição no tempo; portanto, é necessário considerar o espaço-tempo como um todo, em vez de pensar no espaço e no tempo separadamente.

estados quânticos O conjunto de valores das propriedades de uma partícula quântica. Um estado pode ser "puro", quando tem um valor específico – por exemplo, o spin, quando medido, será "para cima" ou "para baixo" – ou misto, no caso em que o spin pode ter 40% de probabilidade de ser "para cima" e 60% de probabilidade de ser "para baixo".

física clássica As teorias físicas predominantes antes de 1900 e das duas reviravoltas do século XX: a relatividade e a teoria quântica. As leis do movimento de Newton são um exemplo típico de teoria clássica que seria suplantada pela relatividade especial, mas que ainda dá ideia aproximada da maioria dos corpos em movimento.

função de onda Na física quântica, a função de onda é uma fórmula matemática que descreve o comportamento de um estado quântico da partícula, o qual evolui ao longo do tempo de acordo com a equação de onda de Schrödinger. A onda em questão, que se espalha ao longo do tempo, não descreve a partícula em si, mas a probabilidade de um estado quântico que possua uma partícula específica – portanto, ela pode descrever, por exemplo, a probabilidade de encontrar uma partícula em diferentes lugares. A probabilidade é dada pelo quadrado do módulo da função de onda.

matriz Um conjunto de números numa disposição regular. Geralmente retangulares, as matrizes podem ter qualquer dimensão. São usadas para trabalhar em várias equações ao mesmo tempo.

momento angular Momento é a "vitalidade" de um corpo em movimento – massa x velocidade. Momento angular é o equivalente de um corpo em rotação que combina momento com a distância do corpo do centro da rotação.

partículas virtuais A eletrodinâmica quântica (EDQ) requer partículas virtuais, que nunca são vistas, mas fazem parte dos processos quânticos. A força eletromagnética, por exemplo, faz um elétron mudar de trajetória ao absorver um fóton virtual. Além disso, no espaço vazio o princípio da incerteza significa que é possível que a energia flutue, criando por um instante um par de partículas virtuais – matéria e antimatéria –, antes de desaparecer novamente em energia.

sobreposição Quando uma partícula quântica tem um estado com, digamos, dois valores possíveis, ela não tem um valor real, e sim uma sobreposição – um conjunto de probabilidades de estar nos estados, até ela ser medida, quando entra em colapso em um valor real. Uma moeda jogada para cima tem dois estados, mas nenhuma sobreposição. Antes de olharmos, a moeda já tem um desses valores. Mas uma partícula quântica não tem nenhum valor, literalmente apenas probabilidades, enquanto em sobreposição.

variáveis complementares O Princípio da Incerteza de Heisenberg relaciona pares de propriedades de uma partícula quântica. As variáveis duplas complementares mais conhecidas são posição e momento, e energia e tempo. Quanto maior a precisão com que se conhece uma variável, menor a precisão com que se conhece a outra.

SPIN QUÂNTICO

O spin quântico é a causa do magnetismo na vida cotidiana. É uma propriedade intrínseca das partículas subatômicas, parâmetro-chave para descrever plenamente uma partícula, e um dos quatro atributos obrigatórios para definir o estado quântico de um elétron em um átomo. Como tudo mais na mecânica quântica, o spin quântico existe em pacotes fixos, e partículas específicas só podem ter certas quantidades de spin, que são representadas pelo número de spin quântico delas. Todas as partículas subatômicas têm um número de spin quântico, embora algumas possam ter um número de spin zero. O spin quântico está relacionado ao momento angular, propriedade física atribuída aos objetos rotativos, porque afeta a medição do momento angular nos átomos. Os efeitos do spin quântico foram detectados inicialmente em relação aos elétrons nos átomos. Os elétrons que se movem rapidamente em torno do núcleo dos átomos transmitem momento angular a esses átomos por meio de seu movimento orbital. O spin quântico foi descoberto pelos físicos alemães Otto Stern e Walther Gerlach em 1922, durante uma experiência que sugeria que os elétrons nos átomos também possuem um momento angular intrínseco, além do gerado por seu movimento orbital. Uma analogia visual seria a de um elétron girando sobre o próprio eixo enquanto orbita o núcleo atômico.

FLASH
O spin quântico é o que faz os ímãs funcionarem e permite que os cientistas diferenciem uma partícula da outra.

REFLEXÃO
A propriedade que denominamos spin (quântico) recebeu esse nome por apresentar semelhanças com o momento angular clássico, mas não temos nenhum motivo para pensar que isso tenha a ver com partículas girando (o que é difícil de imaginar no caso de uma partícula pontual, como um elétron), especialmente porque os valores do spin semi-inteiro só se apresentam sempre "para cima" ou "para baixo", em qualquer direção em que sejam medidos.

TEMAS RELACIONADOS
PRINCÍPIO DE EXCLUSÃO DE PAULI
p. 58

EQUAÇÃO DE DIRAC
p. 60

TEORIA QUÂNTICA DE CAMPOS
p. 64

DADOS BIOGRÁFICOS
WOLFGANG PAULI
1900-1958
Físico austríaco, pioneiro do desenvolvimento de grande parte da teoria do spin quântico

GEORGE UHLENBECK e SAMUEL GOUDSMIT
1900-1988 e 1902-1978
Físicos holandeses autores do primeiro ensaio sobre o spin do elétron

Textos por Leon Clifford

A direção do spin quântico das partículas determina sua orientação magnética.

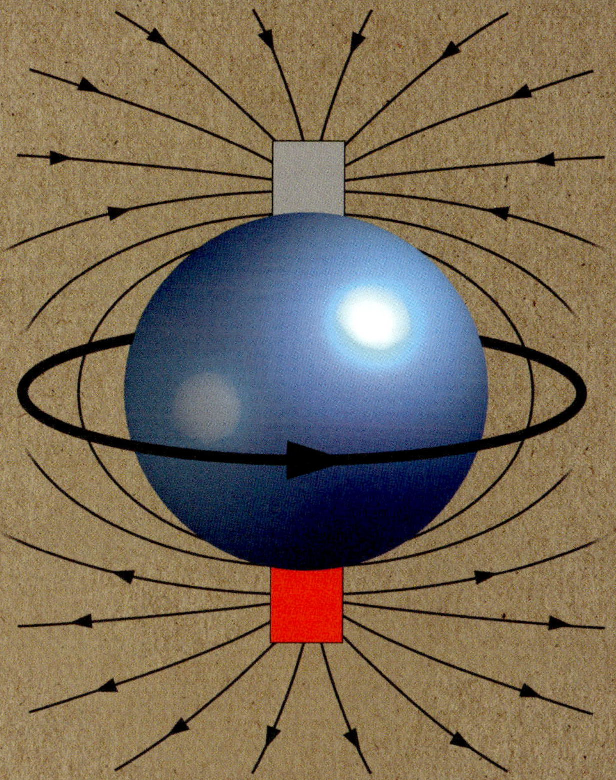

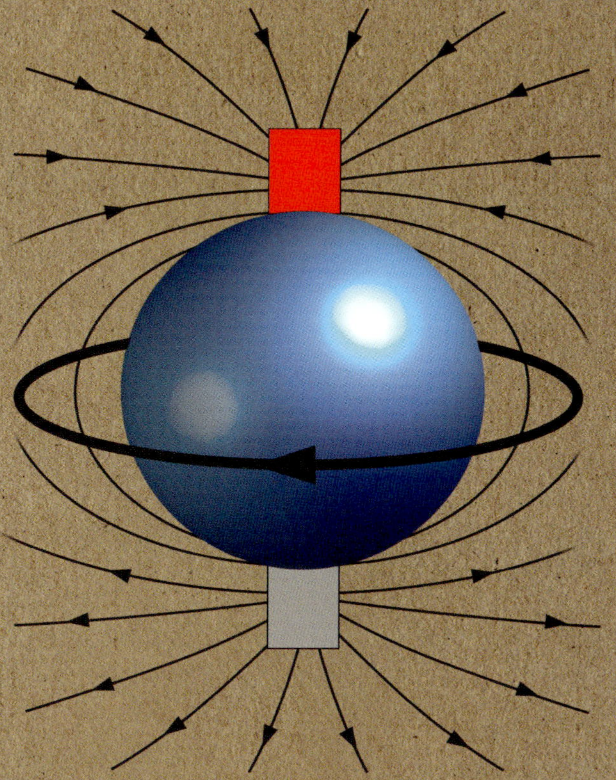

MECÂNICA DE MATRIZES

A mecânica de matrizes é um modo de descrever o comportamento dos sistemas quânticos usando uma técnica matemática específica conhecida como álgebra matricial. Foi desenvolvida em 1925 pelos físicos alemães Werner Heisenberg, Max Born e Pascual Jordan enquanto tentavam compreender as regras que regiam os espectros atômicos. Ela se diferencia do método empregado por Erwin Schrödinger, que empregou uma técnica matemática envolvendo equações diferenciais para descrever os sistemas quânticos. A importância das matrizes está no fato de que a ordem em que as coisas são feitas afeta o resultado. Na matemática básica, por exemplo, a multiplicação de dois números dá o mesmo resultado, independentemente do modo em que sejam ordenados: 2 x 3 é o mesmo que 3 x 2. Isso não acontece com as matrizes. Em vez disso, se a posição de uma partícula é representada por uma matriz e se o momento dessa mesma partícula é representado por outra matriz, a multiplicação dessas duas matrizes dará resultados diferentes, dependendo da ordem em que seja feita. O resultado da multiplicação da posição da matriz pelo momento da matriz não é o mesmo da multiplicação do momento da matriz pela posição da matriz. A diferença entre os dois resultados dá origem ao Princípio da Incerteza de Heisenberg.

FLASH
O princípio por trás da mecânica de matrizes ajudou Heisenberg e seus colegas a introduzir a incerteza na mecânica quântica.

REFLEXÃO
As matrizes de Heisenberg ofereceram aos físicos um modo novo e estranho de descrever o comportamento quântico que não tinha nenhum equivalente no mundo que observamos. Mas ele parecia estar em desacordo com a abordagem mais tradicional, preferida por Schrödinger, entre outros, de usar equações diferenciais. De certo modo, essa era outra manifestação da dualidade onda-partícula; as equações diferenciais apresentam características ondulatórias mais suaves, enquanto as matrizes se assemelham mais a objetos discretos. Dirac combinou as duas em um formalismo único em 1930.

TEMAS RELACIONADOS
EQUAÇÃO DE SCHRÖDINGER
p. 42

PRINCÍPIO DA INCERTEZA DE HEISENBERG
p. 48

COLAPSO DAS FUNÇÕES DE ONDA
p. 50

DADOS BIOGRÁFICOS
MAX BORN e PASCUAL JORDAN
1882-1970 e 1902-1980
Físicos alemães que desenvolveram a matemática da mecânica de matrizes

WERNER HEISENBERG
1901-1976
Pioneiro alemão da física quântica que usou a matemática para revelar a natureza incerta e estranha do mundo quântico

Textos por Leon Clifford

A mecânica de matrizes de Heisenberg usou a matemática matricial para prever o comportamento quântico.

$$\boldsymbol{q} = \begin{pmatrix} q_{11} & q_{12} & q_{13} & \cdot\cdot \\ q_{21} & q_{22} & q_{23} & \cdot\cdot \\ q_{31} & q_{32} & q_{33} & \cdot\cdot \\ \cdot\cdot & \cdot\cdot & \cdot\cdot & \cdot\cdot \end{pmatrix}; \qquad \boldsymbol{p} = \begin{pmatrix} p_{11} & p_{12} & p_{13} & \cdot\cdot \\ p_{21} & p_{22} & p_{23} & \cdot\cdot \\ p_{31} & p_{32} & p_{33} & \cdot\cdot \\ \cdot\cdot & \cdot\cdot & \cdot\cdot & \cdot\cdot \end{pmatrix}$$

EQUAÇÃO DE SCHRÖDINGER

A sugestão feita por Louis de Broglie, em 1924, de que partículas como elétrons podiam se comportar como ondas estimulou Erwin Schrödinger a formular a teoria matemática da mecânica quântica, na qual a posição e o comportamento das partículas são descritos em termos de uma função de onda ψ ("psi"). Trata-se de um tipo de onda, mas não no sentido habitual de uma onda sonora ou oceânica. Em vez disso, a função de onda é uma onda de probabilidade: seu valor (ou, mais propriamente, o valor do quadrado da função de onda ψ2) em qualquer ponto do espaço indica a probabilidade de encontrar a partícula ali. As ondas são descritas matematicamente pelas chamadas equações diferenciais, que especificam como a magnitude das oscilações muda ao longo do tempo. Mas a equação de Schrödinger é diferente de uma equação de onda comum, parecendo-se mais ao tipo utilizado para descrever processos de expansão ou difusão. Em princípio, ela permite que os cientistas calculem a função de onda de qualquer sistema quântico, e, consequentemente, as probabilidades de suas localizações, desde que sua massa e energia sejam conhecidas. Na prática, em geral é muito difícil resolver a equação de maneira exata, e só se consegue chegar a soluções aproximadas. Não obstante, a equação de Schrödinger é o ponto de partida de todas as tentativas de calcular como os elétrons se distribuem nos átomos, moléculas e materiais.

FLASH

A equação de Schrödinger oferece uma maneira de calcular como as partículas quânticas se comportam como "ondas de probabilidade": mostrando onde é provável que sejam encontradas em determinado momento.

REFLEXÃO

A "mecânica de ondas" de Schrödinger não é a única maneira de expressar a teoria quântica matematicamente. Enquanto Schrödinger inventava sua equação na década de 1920, Werner Heisenberg também estava desenvolvendo uma maneira de expressar estados quânticos na forma de tabelas numéricas chamados matrizes. A "mecânica de matrizes" ainda é utilizada às vezes, mas geralmente se preferem as ondas de Schrödinger, em parte porque elas oferecem uma imagem mais apreensível da "aparência" dos estados quânticos.

TEMAS RELACIONADOS

DUALIDADE ONDA-PARTÍCULA
p. 28

ONDAS DE MATÉRIA DE BROGLIE
p. 30

MECÂNICA DE MATRIZES
p. 40

DADOS BIOGRÁFICOS

ERWIN SCHRÖDINGER
1887-1961
Físico austríaco cujo trabalho abrangeu a teoria quântica, a cosmologia e a genética

Textos por Philip Ball

As probabilidades de localizar o elétron do átomo de hidrogênio em diferentes órbitas podem ser previstas por sua função de onda.

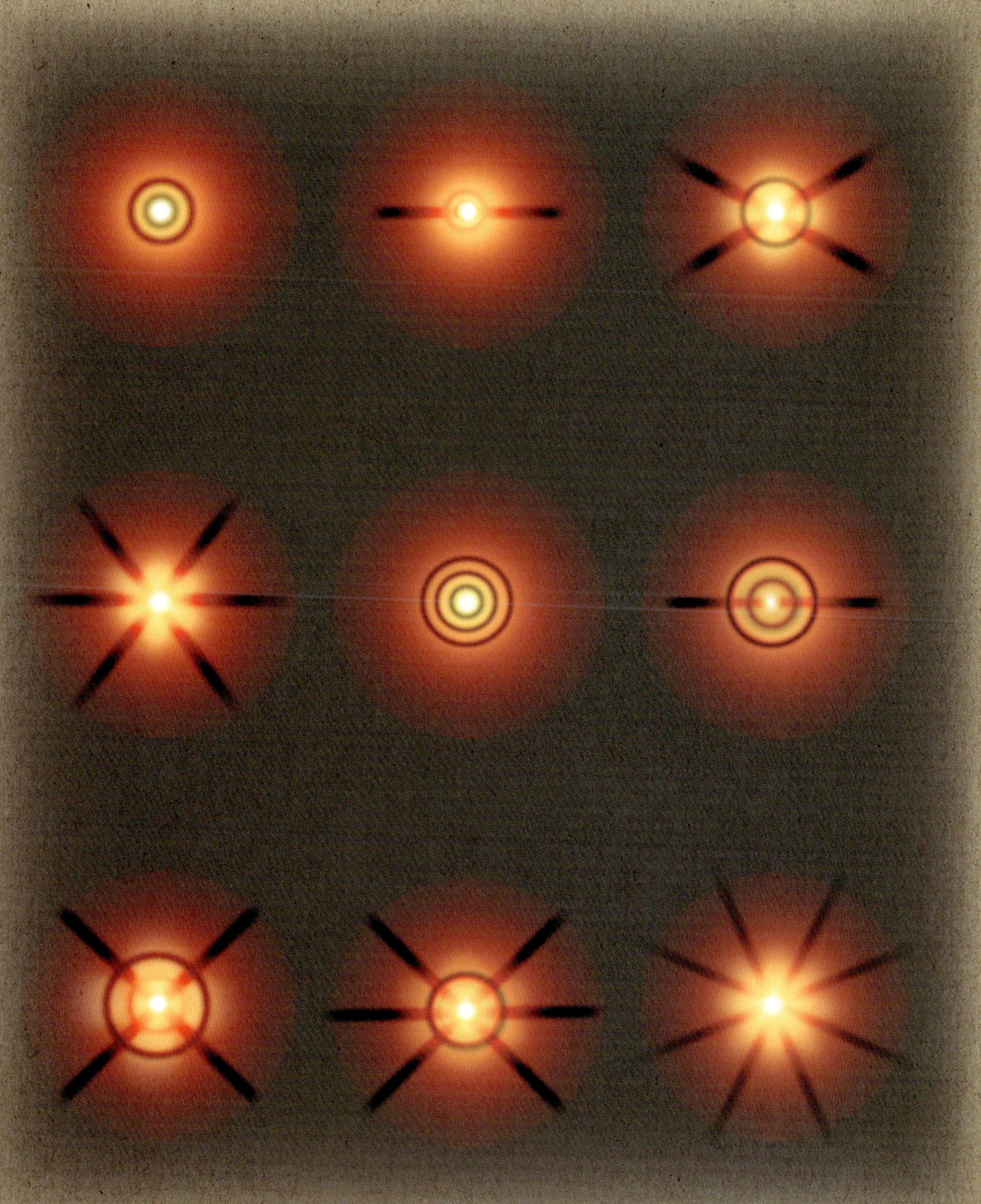

12 de agosto de 1887
Nasce em Viena, Áustria

1910
Recebe o título de doutor pela Universidade de Viena

1914-18
Serve como oficial de artilharia no exército austríaco durante a Primeira Guerra Mundial

1921
Nomeado professor de física teórica em Zurique, Suíça

1926
A equação de Schrödinger lança as bases da mecânica ondulatória

1927
Muda-se para Berlim, ocupando a cátedra vaga com a saída de Max Planck

1933
Deixa espontaneamente a Alemanha nazista e se muda para Oxford; no mesmo ano, divide o Prêmio Nobel de Física com o inglês Paul Dirac

1935
Um artigo intitulado "A situação atual da mecânica quântica" apresenta o paradoxo do gato de Schrödinger

1939
Nomeado diretor de física teórica do Instituto de Estudos Avançados de Dublin, Irlanda

1944
A Cambridge University Press publica *What is Life?*

1956
Deixa seu cargo em Dublin e volta para Viena

4 de janeiro de 1961
Morre em Viena

ERWIN SCHRÖDINGER

Nascido e criado em Viena, Erwin Schrödinger era um estudante brilhante com um talento inato para a física. Quando obteve seu primeiro cargo de professor catedrático, em Zurique, na década de 1920, já estava plenamente convencido da natureza ondulatória da matéria. Isso culminou na teoria da mecânica ondulatória – uma formulação da teoria quântica completa e coerente que costuma ser considerada sua maior façanha.

A equação da onda de Schrödinger é tão importante para a física quântica como as leis do movimento de Newton para a física clássica. A validade matemática e o poder preditivo da equação de Schrödinger foram reconhecidos imediatamente pelos colegas físicos; porém, para sua tristeza, praticamente nenhum deles compartilhou o entusiasmo irrestrito pelas ondas. Para Schrödinger, a Interpretação de Copenhague predominante, apoiada por Niels Bohr, com sua "dualidade onda-partícula" e "colapso da função de onda", era uma tolice não científica.

Estimulado por Einstein, um dos poucos a compartilhar sua visão na época, Schrödinger pôs-se a imaginar um experimento mental que deixaria claro o absurdo da Interpretação de Copenhague. O resultado foi o paradoxo do gato de Schrödinger – provavelmente a imagem mais conhecida de toda a teoria quântica.

Antes do início da Segunda Guerra Mundial, Schrödinger escapou da confusão da Europa continental para a neutra Irlanda. A avó materna era britânica, e ele falava inglês quase tão fluentemente como alemão. Convidado pessoalmente por Éamon de Valera, então primeiro-ministro da Irlanda, Schrödinger tornou-se diretor de física teórica do recém-criado Instituto de Estudos Avançados de Dublin – um cargo que ocupou durante os dezessete anos seguintes. Posteriormente ele descreveu o período em Dublin como os anos mais felizes de sua vida. Pode-se dizer que a obra mais importante de Schrödinger durante esse período foi *What is Life?* – um livrinho revolucionário que demonstrou como a teoria quântica e outros conceitos de física básica podiam ser aplicados aos organismos vivos. Quando os segredos do DNA foram revelados anos mais tarde por Francis Crick e James Watson, ambos reconheceram sua dívida para com o livro de Schrödinger.

Comparado aos colegas cientistas, Schrödinger tinha um estilo de vida incomum. Escrevia poesia e apresentava um interesse permanente por filosofia e misticismo oriental. De maneira mais polêmica, teve uma série de jovens amantes. Todos os seus três filhos reconhecidos nasceram durante o casamento de quarenta anos com Anni, mas nenhum era dela. Anni, no entanto, parece ter se conformado com a infidelidade recorrente do marido, e continuou sua esposa até a morte dele, em Viena, em 1961, aos 73 anos de idade.

Andrew May

GATO DE SCHRÖDINGER

O exemplo mais famoso que mostra como a teoria quântica desafia a intuição é um experimento mental proposto por Erwin Schrödinger em 1935. Ele sugeriu que seria possível apontar o estado de um objeto macroscópico – se um gato fechado dentro de uma caixa está vivo ou morto, digamos – dependendo de um evento quântico microscópico, como o decaimento de um átomo. Ele imaginou um dispositivo em que o decaimento radiativo de um átomo – evento quântico controlado pelo acaso – libera um martelo que quebra um frasco de veneno, matando o gato. O problema é que o átomo decadente pode estar numa diversidade de estados, conhecida como sobreposição, o que significa que o gato pode estar simultaneamente morto e não morto. As sobreposições quânticas geralmente são destruídas quando se faz uma medição do objeto quântico; portanto, assim que abrimos a caixa para olhar, o gato estará em um estado ou em outro. Mas isso não nos revela a condição do gato antes de olharmos. Alguns cientistas acham que algo vai intervir para pôr o gato em um estado ou em outro, quer nós olhemos, quer não. Outros se satisfazem em imaginar uma sobreposição morto-vivo para o gato.

FLASH

O experimento mental do gato de Schrödinger mostra o quão contraintuitiva é a teoria quântica: um sistema quântico que está simultaneamente em dois estados determina se o gato está vivo ou morto.

REFLEXÃO

Poderíamos testar experimentalmente se o gato de Schrödinger está vivo ou morto? Seria quase impossível sustentar uma delicada sobreposição quântica de estados em um sistema suficientemente grande para conter um gato de verdade, mas um "gato" microscópico – uma bactéria ou um vírus, digamos – poderia ser isolado mais facilmente de perturbações. Pesquisadores alemães propuseram um experimento em que um vírus aprisionado por uma luz de laser poderia ser induzido a uma sobreposição quântica.

TEMAS RELACIONADOS

EQUAÇÃO DE SCHRÖDINGER
p. 42

COLAPSO DAS FUNÇÕES DE ONDA
p. 50

DECOERÊNCIA
p. 52

DADOS BIOGRÁFICOS

EUGENE WIGNER
1902-1995
Físico húngaro que ligou o gato de Schrödinger ao problema da consciência ao sugerir que um amigo realizasse o experimento sem que Wigner estivesse presente

JUAN IGNACIO CIRAC
1965-
Físico espanhol que propôs um experimento do gato de Schrödinger utilizando organismos vivos microscópicos

Textos por Philip Ball

Antes da observação, poderíamos interpretar que o gato de Schrödinger encontra-se numa sobreposição de vivo e morto.

PRINCÍPIO DA INCERTEZA DE HEISENBERG

Em 1927, o físico teórico alemão Werner Heisenberg formulou o Princípio da Incerteza – uma propriedade fundamental dos sistemas quânticos. Segundo esse princípio, é impossível medir simultaneamente com total precisão certos pares de propriedades físicas (as chamadas variáveis complementares) de um átomo ou de uma partícula – por exemplo, tanto sua posição quanto seu momento – ou ter certeza de sua energia em um instante específico do tempo. Quanto mais precisa a medição de uma quantidade, menos precisamente a outra pode ser medida ou controlada. O efeito desse fenômeno é tão insignificante que pode ser ignorado no dia a dia, mas é dramático para as partículas subatômicas, além de corroborar a mecânica quântica, que descreve o movimento e a dinâmica dos átomos. Essa incerteza é um limite inerente a nossa capacidade de medir fenômenos naturais a pequenas distâncias; é uma propriedade fundamental da teoria quântica, e não simplesmente uma falha do equipamento de medição. Uma consequência é que a energia total de uma partícula pode apresentar certa variação, *E*, durante um pequeno espaço de tempo, *t*, desde que o produto de *E* multiplicado por *t* não seja menor do que a constante de Planck dividida por 4 pi. Por outro lado, isso significa que a lei da conservação da energia pode ser evitada durante períodos muito curtos de tempo.

FLASH
As partículas são como os políticos: quanto mais você tenta encurralá-las, mais rapidamente elas mudam de posição.

REFLEXÃO
O Princípio da Incerteza é o que faz com que aceleradores de partículas como o Grande Colisor de Hádrons sejam tão grandes. Para lidar com distâncias mil vezes menores que o tamanho de um próton, precisamos de feixes de partículas cujas energias são trilhões de vezes maiores que as das partículas em temperatura ambiente. Isso requer aceleradores enormes para energizar os feixes a esses extremos.

TEMAS RELACIONADOS
EQUAÇÃO DE SCHRÖDINGER
p. 42

EQUAÇÃO DE DIRAC
p. 60

DIAGRAMAS DE FEYNMAN
p. 70

DADOS BIOGRÁFICOS
ERWIN SCHRÖDINGER
1887-1961
Físico austríaco que criou uma equação não relativista para a mecânica quântica e a equação que inclui a relatividade

WERNER HEISENBERG
1901-1976
Físico teórico alemão que propôs o Princípio da Incerteza

Textos por Frank Close

Quanto maior a precisão com que identificamos a localização de uma partícula quântica, menos podemos saber a respeito de seu momento (e vice-versa).

COLAPSO DAS FUNÇÕES DE ONDA

A equação de Schrödinger, que sintetiza tudo que podemos saber a respeito de determinado sistema quântico na forma da função de onda, só consegue prever as diversas probabilidades de encontrá-lo em um estado específico, ao passo que uma medição feita no sistema dá uma resposta única: nós o encontramos neste estado ou naquele. Parece que o próprio ato de observar o sistema reduz as possibilidades a um único resultado. Isso é conhecido como colapso da função de onda. O modo preciso como o colapso acontece pode depender do modo como a medição é feita. Isso representou um dos mais importantes impactos filosóficos da teoria quando ela surgiu, porque parecia pôr em cheque a suposta objetividade da ciência: aparentemente, o observador não podia evitar de influenciar o resultado. Isso é conhecido agora como o "problema da medição". Mas esse colapso é meramente uma formalidade ou um processo físico real? A "Interpretação de Copenhague" convencional da teoria quântica reitera apenas que o estado não pode ser conhecido antes de ser observado. Alguns pensam que o colapso da função de onda é uma ilusão, porque todos os possíveis resultados são percebidos em mundos diferentes. Para outros, o colapso é um processo semelhante ao decaimento radiativo, com uma escala de tempo definida, que pode envolver a força gravitacional, alcançando, assim, a ligação entre a gravitação e a teoria quântica por tanto tempo procurada.

FLASH
O colapso da função de onda reduz uma sobreposição de estados quânticos a um único estado, o que geralmente acontece quando se faz uma medição do estado do sistema.

REFLEXÃO
O físico americano David Bohm desenvolveu outra interpretação do colapso da função de onda, baseada na teoria da "onda piloto" de De Broglie, na qual partículas quânticas são acompanhadas e guiadas por ondas. Ela pressupõe que existe uma única função de onda controlando todo o universo (de modo que tudo depende de tudo), a qual, na verdade, nunca entra em colapso, mas simplesmente parece fazê-lo localmente, devido à decoerência que atua entre a função de onda local e a do restante do universo.

TEMAS RELACIONADOS
EQUAÇÃO DE SCHRÖDINGER
p. 42
GATO DE SCHRÖDINGER
p. 46
DECOERÊNCIA
p. 52
COLAPSO DA CONSCIÊNCIA
p. 90

DADOS BIOGRÁFICOS
ROGER PENROSE
1931-
Físico matemático britânico que propõe que o colapso da função de onda é o resultado da curvatura espaço-tempo na relatividade geral

Textos por Philip Ball

Em um sistema quântico, como o processo de dupla fenda, as partículas existem como uma onda de probabilidade, provocando interferência e outros efeitos: na observação, isso entra em colapso, deixando um único valor.

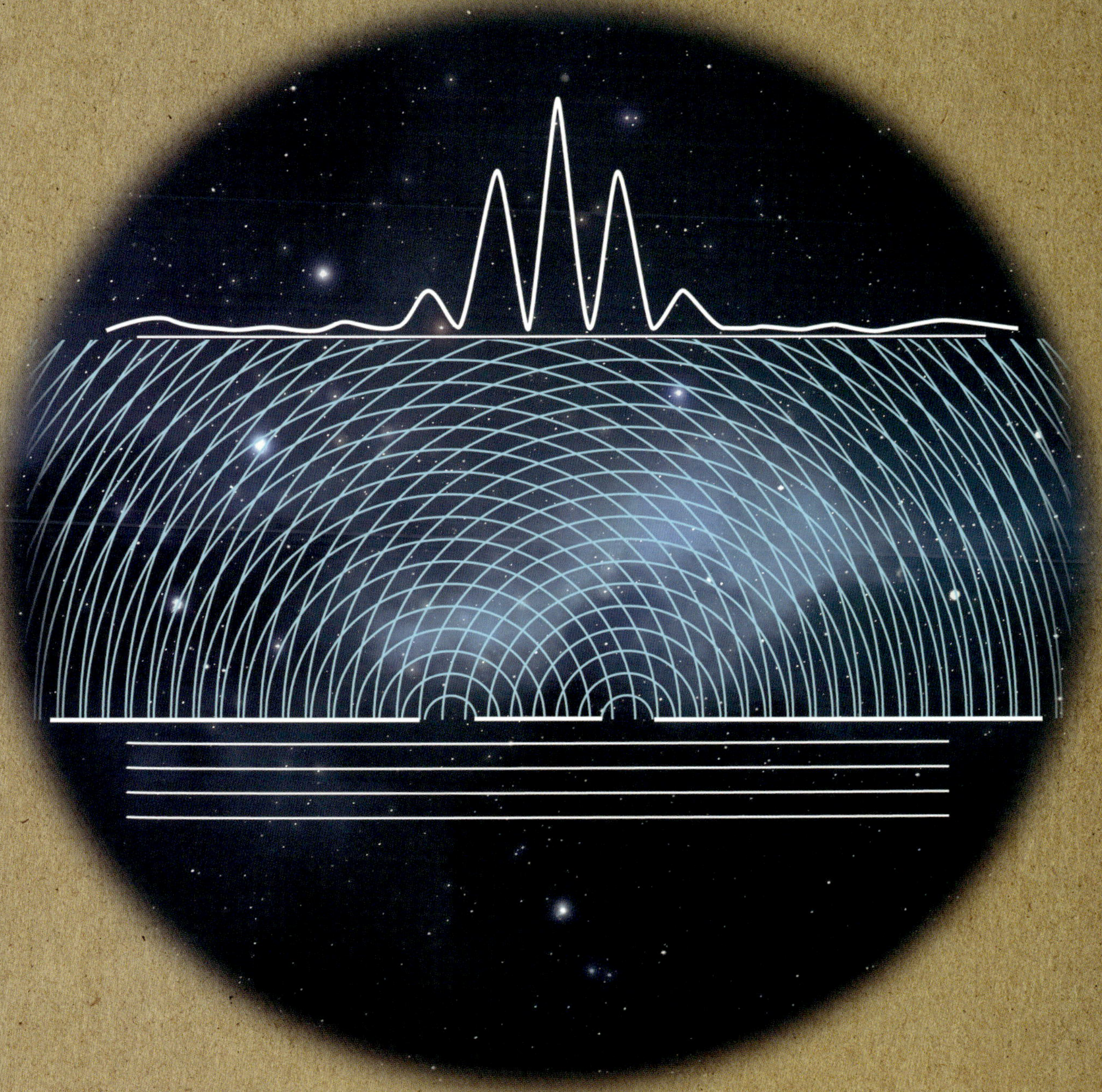

DECOERÊNCIA

O mundo microscópico é governado por regras quânticas, mas no mundo cotidiano das bolas de bilhar e dos bules de chá vigora a física clássica. Como o quantum se torna clássico – para onde vai a estranheza quântica? Existe um ponto de vista difundido de que efeitos quânticos como o comportamento ondulatório das partículas são "removidos" pelas interações entre as partículas quânticas e seu ambiente, um fenômeno conhecido como decoerência. A consequência dessas interações é que a partícula fica "emaranhada" com seu ambiente: as propriedades da partícula não são mais inerentes a ela, mas dependem do ambiente. Para enxergar o comportamento quântico em um sistema, é preciso suprimir a decoerência, tornando o sistema o mais isolado possível de seu ambiente. É por isso que efeitos quânticos como sobreposições normalmente são observados apenas em laboratório; são frágeis e facilmente destruídos pela decoerência. A decoerência é um evento de mão única: depois que remove a condição quântica, não é possível recuperá-la. Como a taxa de decoerência – a velocidade em que as sobreposições quânticas desaparecem – aumenta exponencialmente à medida que aumenta o número de partículas no sistema, objetos grandes tornam-se clássicos quase instantaneamente. A decoerência, então, torna a mudança quântica/clássica um processo bem definido que depende de condições ambientais precisas.

FLASH

Decoerência é a perda de comportamento quântico devido às interações de suas partículas constitutivas com seu ambiente.

REFLEXÃO

Quão grande pode ser um sistema quântico antes que a decoerência se torne impossível de suprimir e o sistema comece a se comportar de maneira clássica? Algumas moléculas grandes, como o átomo-60 C_{60}, podem apresentar efeitos ondulatórios de interferência quântica, mas estes podem ser eliminados passando as moléculas através de um gás, de modo que as colisões provoquem decoerência. Em breve deveremos poder detectar sobreposições quânticas de estados vibratórios em minúsculos feixes oscilantes visíveis no microscópio eletrônico.

TEMAS RELACIONADOS

GATO DE SCHRÖDINGER
p. 46

COLAPSO DAS FUNÇÕES DE ONDA
p. 50

DADOS BIOGRÁFICOS

HEINZ-DIETER ZEH
1932-
Físico alemão que identificou, em 1970, a origem da decoerência

WOJCIECH ZUREK
1951-
Físico polaco-americano que explicou como a decoerência "pinça" algumas propriedades clássicas da paleta de possíveis estados quânticos

Textos por Philip Ball

As partículas quânticas possuem estados sobrepostos, mas a decoerência assegura que os objetos do cotidiano permaneçam firmemente clássicos.

A FÍSICA DA LUZ E DA MATÉRIA

A FÍSICA DA LUZ E DA MATÉRIA
GLOSSÁRIO

antimatéria O físico britânico Paul Dirac previu que o elétron devia ter um equivalente com uma carga positiva, mais tarde denominado pósitron. Descobriu-se que isso existia; o primeiro exemplo de uma partícula de antimatéria; posteriormente, outros exemplos foram descobertos para todas as partículas de matéria. Quando a energia se converte em matéria, ela produz um par de matéria e antimatéria equivalentes, que podem ser recombinados, aniquilando-se e convertendo-se em energia.

bóson Partícula que obedece à estatística de Bose-Einstein (em oposição a um férmion). Normalmente os bósons são partículas que transportam forças, especialmente os fótons e o famoso bóson de Higgs, mas o termo também se aplica aos núcleos atômicos com um número par de férmions. Diferentemente do férmion, muitos bósons podem estar no mesmo estado ao mesmo tempo.

campos (campos quânticos) Um campo é um construto matemático que preenche todo o espaço-tempo com um valor em cada local – um pouco como um mapa tridimensional da Terra, onde a elevação acima do nível do mar é o valor do campo. Um campo quântico é aquele que produz os mesmos efeitos que objetos quânticos que possam estar numa sobreposição de estados, exigindo cálculos matemáticos mais complexos que um campo clássico como um mapa da Terra.

constante de estrutura fina Uma das constantes fundamentais da física, com um valor de aproximadamente $^1/_{137}$. A constante de estrutura fina (a) reflete a força da atração eletromagnética (na verdade, a probabilidade de que um elétron emita um fóton), e (b) controla o modo como os elétrons se ligam em átomos e moléculas.

espaço-tempo A relatividade trata o tempo como uma quarta dimensão. Na relatividade não há posição absoluta nem tempo absoluto, porque o modo como as coisas se movem influencia sua posição no tempo; portanto, é preciso considerar o espaço-tempo como um todo, em vez de pensar no espaço e no tempo separadamente.

estrela de nêutron O resultado do colapso de uma estrela velha cuja massa é entre 1,4 e 3,2 vezes a do Sol, composta principalmente de nêutrons comprimidos que resultam numa densidade enorme. Um pedaço de uma estrela de nêutron do tamanho de uma uva pesaria cerca de 100 milhões de toneladas.

férmion Um dos dois principais tipos de partícula (o outro sendo o bóson). As partículas de matéria (elétrons, quarks, prótons e nêutrons) e os neutrinos são férmions. Os átomos com um número ímpar de férmions também são férmions, enquanto os que têm um número par são bósons. Os férmions obedecem à estatística Fermi-Dirac e ao Princípio de Exclusão de Pauli (p. 58), que impede que mais de um deles esteja num estado idêntico.

mecânica de matrizes Uma formulação inicial da teoria quântica feita por Heisenberg que não tentou oferecer uma imagem explicativa, mas simplesmente previu o que era observado como o resultado dos valores variáveis de um conjunto de números ao longo do tempo.

mecânica ondulatória Formulação inicial da teoria quântica feita por Schrödinger que tratava as partículas como "ondas de matéria". A própria onda, descrita pela equação de Schrödinger, foi interpretada por Max Born como representando a probabilidade em vez da localização. Mostrou-se equivalente à mecânica de matrizes.

nêutrons Partículas de carga neutra encontradas no núcleo dos átomos, compostas de três quarks. Um elemento particular pode ter variantes chamadas isótopos, com quantidades diferentes de nêutrons no núcleo.

camadas eletrônicas Os elétrons ocupam somente órbitas fixas em torno de um átomo, e os saltos entre essas órbitas normalmente implicam a absorção ou a emissão de um fóton – é a quantização da energia do elétron. Os possíveis níveis orbitais são às vezes denominados camadas, mais frequentemente em química. Cada nível contém um número máximo de elétrons (2 no primeiro nível, 8 no segundo, 18 no terceiro, e assim por diante).

números quânticos Os valores dos estados quânticos de uma partícula que só podem ter valores inteiros ou semi-inteiros. Um elétron em um átomo é representado por quatro números quânticos, correspondendo ao nível de energia, momento angular, momento magnético e spin.

ondas reversas no tempo As equações de Maxwell que descrevem a eletricidade e o magnetismo têm duas soluções que permitem que uma onda do transmissor para o receptor avance no tempo (ondas retardadas), e do receptor para o transmissor recue no tempo (ondas avançadas). As ondas reversas no tempo foram tradicionalmente ignoradas, mas são úteis para explicar problemas matemáticos por meio do modo como um elétron recua ao emitir um fóton.

pósitron Outro nome do antielétron, a antimatéria positivamente carregada equivalente a um elétron.

série divergente Série em que a soma é infinita. $1 + \frac{1}{2} + \frac{1}{3} + \frac{1}{4} + \frac{1}{5} \ldots$ (onde "..." significa "continue esta série para sempre") é divergente. Por outro lado, uma série convergente tem soma finita. A soma de $1 + \frac{1}{2} + \frac{1}{4} + \frac{1}{8} \ldots$ é 2, embora ela contenha um conjunto infinito de frações, porque cada elemento seguinte leva a soma mais próximo de 2, mas nunca o ultrapassa.

PRINCÍPIO DE EXCLUSÃO DE PAULI

Em 1913, Niels Bohr explicou como os átomos emitem ou absorvem fótons de comprimentos de onda específicos quando os elétrons que circundam o núcleo saltam de uma órbita para outra num conjunto de órbitas fixas. Atribuem-se a essas órbitas números quânticos integrais (1, 2, 3 ...), conhecidos como números quânticos principais. Esse modelo funcionou para o hidrogênio, o átomo mais simples que se conhece, mas no caso de átomos mais complexos o modelo não deu conta dos comprimentos de onda suplementares que apareceram nos espectros de átomos. Em 1915, o físico alemão Arnold Sommerfeld demonstrou que um segundo número quântico, conhecido como constante de estrutura fina, podia dar conta desses comprimentos de onda. Em um campo magnético, os elétrons também se comportam como minúsculos ímãs, e, como eles também têm spin, os físicos tiveram de acrescentar um terceiro e um quarto número quântico. A energia de cada elétron é determinada por esses quatro números quânticos. Nesse mesmo ano, Wolfgang Pauli descobriu que nenhum elétron com o mesmo conjunto de quatro números quânticos pode orbitar o mesmo átomo. Esse conceito, o Princípio de Exclusão de Pauli, explica por que os elétrons, mesmo quando o átomo se encontra em seu estado mais baixo de energia, se distribuem em vários níveis (órbitas com o mesmo número quântico principal), e essa distribuição corresponde às propriedades químicas dos elementos.

FLASH

O Princípio de Exclusão de Pauli explica por que os elétrons em átomos sempre ocupam várias órbitas, em vez de simplesmente ocupar o nível mais baixo de energia.

REFLEXÃO

Como os elétrons ocupam vários níveis ao redor do núcleo do átomo e não podem ser confinados em um único nível, os átomos têm um tamanho mínimo e não podem ser comprimidos. Isso explica por que a matéria ordinária ocupa espaço e é estável. Como os elétrons, os nêutrons são férmions e têm spin semi-inteiro. Como todos os férmions estão sujeitos ao princípio de Pauli, os nêutrons nas estrelas de nêutron não podem se fundir; isso impede que essas estrelas colapsem mais sob as enormes forças gravitacionais nessa matéria condensada.

TEMAS RELACIONADOS

ÁTOMO DE BOHR
p. 24

INTERPRETAÇÃO DE COPENHAGUE
p. 84

DADOS BIOGRÁFICOS

NIELS BOHR
1885-1962
Dinamarquês pioneiro da teoria quântica que apresentou um primeiro modelo do átomo

WOLFGANG PAULI
1900-1958
Físico teórico austríaco que apresentou o princípio de exclusão que recebeu seu nome

Textos por Alexander Hellemans

O Princípio de Exclusão de Pauli resolveu o enigma de por que os elementos com propriedades químicas semelhantes estão organizados em colunas na Tabela Periódica.

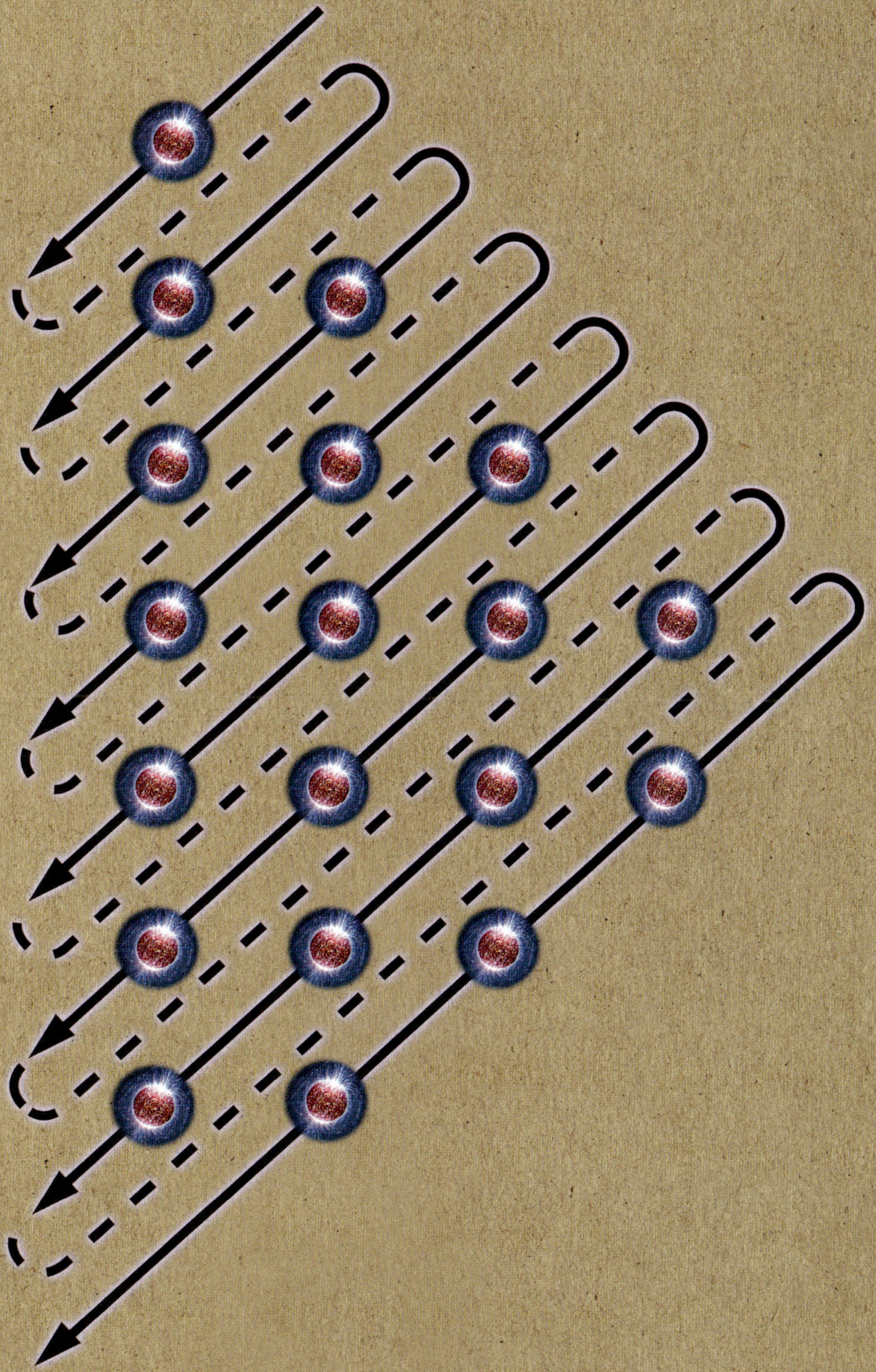

EQUAÇÃO DE DIRAC

Em 1913, Niels Bohr sugeriu que os espectros atômicos são gerados quando os átomos emitem e absorvem diferentes comprimentos de onda de luz à medida que os elétrons saltam de uma órbita para outra. O problema era que as medições dos espectros atômicos do hidrogênio não se mostravam inteiramente compatíveis com a teoria de Bohr. Então, no verão de 1927 o físico teórico britânico Paul Dirac resolveu tentar solucionar o quebra-cabeça por meio da análise do comportamento dos elétrons. Para tal, juntou as equações de onda da mecânica quântica desenvolvida por Erwin Schrödinger com a descrição matemática de partículas se deslocando próximo à velocidade da luz embutida na teoria da relatividade especial. Outros físicos haviam tentado essa abordagem, mas empacaram na dificuldade de incorporar o fato de que os elétrons possuem spin numa estrutura relativista. Dirac resolveu o problema utilizando alguns cálculos algébricos engenhosos e a incorporação de matrizes 4x4 na equação. O resultado foi uma equação de onda quântica relativista, conhecida hoje como equação de Dirac, que possuía soluções para elétrons com energia tanto positiva como negativa, antevendo a existência da antimatéria. A brilhante epifania de Dirac conduziu diretamente ao desenvolvimento da teoria quântica de campos, a base da moderna física de partículas.

FLASH

Para chegar a essa equação, Dirac teve de combinar a física do muito pequeno com a física do muito rápido.

REFLEXÃO

O verdadeiro significado da equação de Dirac pode ser até mais profundo que o desenvolvimento da teoria quântica de campos: pois um exemplo de matemática pura tinha previsto corretamente a existência de uma partícula fundamental nova – o elétron de energia negativa de Dirac também podia ser um equivalente de um elétron com uma carga positiva. A descoberta de uma partícula real que se adequava à descrição, o pósitron, identificada por Carl Anderson em 1932, pode indicar que a matemática está intimamente ligada à estrutura mesma de nosso universo.

TEMAS RELACIONADOS

ÁTOMO DE BOHR
p. 24

SPIN QUÂNTICO
p. 38

EQUAÇÃO DE SCHRÖDINGER
p. 42

TEORIA QUÂNTICA DE CAMPOS
p. 64

DADOS BIOGRÁFICOS

WILLIAM CLIFFORD
1845-1879
Matemático britânico que desenvolveu o sistema algébrico que Dirac utilizaria mais tarde

CARL ANDERSON
1905-1991
Pesquisador americano pioneiro que descobriu os antielétrons nos raios cósmicos

Textos por Leon Clifford

Dirac trouxe a relatividade para o centro das atenções para alinhar a teoria com os espectros atômicos observados.

8 de agosto de 1902
Nasce em Bristol, Inglaterra, filho do professor suíço Charles Dirac e de Florence Holten, bibliotecária natural da Cornualha

1921
Recebe o diploma de engenheiro pela Universidade de Bristol

1923
Recebe o diploma de matemática pela Universidade de Bristol e inicia o doutorado em Cambridge

1926
Torna-se membro do St. John's College, em Cambridge

1928
Inventa a equação de Dirac, que descreve o movimento relativístico do elétron

1930
Propõe um "mar" infinito de elétrons de energia negativa e prevê a existência da antimatéria

1930
Eleito membro da Royal Society

1932
O elétron de antimatéria, ou pósitron, previsto por Dirac, é descoberto por Carl Anderson no Instituto de Tecnologia da Califórnia

1932-69
Torna-se professor lucasiano de matemática em Cambridge

1933
Recebe o Prêmio Nobel de Física (com Schrödinger) por descobertas em teoria atômica

1937
Casa-se com Margit ("Manci") Wigner, irmã do físico Eugene Wigner

1969
Aposenta-se e assume um cargo honorário na Universidade Estadual da Flórida

20 de outubro de 1984
Morre em Tallahassee, Flórida, EUA

1952
Recebeu a Medalha Copley e a Medalha Max Planck

1995
Abertura do memorial na Abadia de Westminster

PAUL DIRAC

O físico britânico Paul Dirac é o cientista mais importante a ser praticamente desconhecido fora de seu campo de atuação. Nascido em Bristol de pai suíço e mãe britânica, Dirac teve uma criação rígida. Dizem que sua natureza taciturna teve origem na insistência do pai de que Dirac só falasse com ele em francês fluente. De acordo com a história, para não correr o risco de cometer um engano, Dirac não abria a boca. Mas parece haver fortes indícios de que Dirac tinha o transtorno do espectro autista, causa mais provável da falta de capacidade de se relacionar com as pessoas.

Inicialmente Dirac estudou engenharia eletrônica na Universidade de Bristol, mas o interesse crescente por matemática aplicada levou-o a se formar em outra disciplina antes de se mudar para Cambridge, onde logo passou a trabalhar com a relatividade e o florescente tema da física quântica. Ali Dirac ampliou a já eficaz equação de Schrödinger que descrevia a probabilidade de descobrir uma partícula em qualquer local específico, de modo a incluir a relatividade especial em alguns tipos de partícula, possibilitando os efeitos que o movimento em alta velocidade teria.

A equação de Dirac era simétrica, levando em conta partículas que poderiam conter energia tanto positiva como negativa. Isso era um problema sério, já que um elétron ordinário devia mergulhar nos estados de energia negativa inferiores, jorrando fótons. A solução drástica proposta por Dirac era que, aparentemente, o espaço vazio continha um "mar" infinito de elétrons com energia negativa, preenchendo todos os estados possíveis de energia negativa e impedindo que os elétrons se desintegrassem em energia negativa. Ele previu que esse mar poderia ter "buracos" dentro dele – a ausência de elétrons de energia negativa, que seriam o equivalente dos antielétrons de energia positiva ou pósitrons. Ele tinha previsto a existência da antimatéria antes que ela fosse descoberta.

Dirac também deu uma contribuição fundamental para o desenvolvimento da teoria quântica ao comprovar que a mecânica de matrizes de Heisenberg e a mecânica de ondas de Schrödinger, aparentemente desvinculadas, não somente eram coerentes, mas equivalentes, reunindo-as para criar a mecânica quântica.

Dirac compartilhava traços de personalidade com um antigo ocupante de seu cargo em Cambridge, o professor de matemática Isaac Newton. Como Newton, tinha uma capacidade muito limitada de se relacionar socialmente e a péssima reputação de não conseguir conversar sobre amenidades, respondendo às perguntas o mais rápido possível. Há várias histórias, sobretudo de quando ele se encontrava com o despachado e estourado físico teórico americano Richard Feynman. Conta-se que Dirac, após uma de suas típicas longas pausas embaraçosas, teria comentado: "Eu trouxe uma equação. Você tem uma também?". Sua genialidade matemática, contudo, era inquestionável.

Brian Clegg

TEORIA QUÂNTICA DE CAMPOS

A teoria quântica de campos (TQC) é o princípio fundamental da moderna física de partículas e a base matemática de nossa compreensão da natureza da realidade. Ela se baseia na mecânica quântica ao ampliar a área de estudo de um punhado de partículas para um sistema de um grande número de partículas. Descreve o comportamento dos campos – quantidades físicas que têm um valor em qualquer ponto no espaço, um pouco como os contornos de um mapa –, como o campo eletromagnético responsável pelas ondas de luz e de rádio, num nível quântico de uma forma impossível de fazer na mecânica quântica. E, o que é extremamente importante, ela permite que os físicos lidem tanto com campos como com partículas no nível quântico dentro de um único conjunto coerente de equações. Essa teoria trata as ondas e as partículas como se fossem perturbações em um campo subjacente: assim, por exemplo, a luz é uma ondulação num campo eletromagnético, enquanto o elétron é um estado específico de excitação do campo eletromagnético. Desse modo, a teoria explica de maneira precisa a dualidade onda-partícula encontrada na natureza por meio da combinação dos aspectos de onda e de partícula tanto da luz como dos elétrons – e outras combinações de forças e partículas – numa única descrição matemática de um campo.

FLASH

A teoria quântica de campos procura descrever todas as forças e todas as partículas encontradas na natureza em termos das interações desses campos.

REFLEXÃO

Até agora a teoria quântica de campos não conseguiu oferecer uma descrição quântica consistente da gravitação – a força que atua através das imensas distâncias espaciais. A inclusão bem-sucedida da gravitação levaria a uma teoria de campo unificada que combinaria todas as forças conhecidas que criam e moldam nosso mundo. Esse avanço nos deixaria um pouco mais perto de uma "teoria final de tudo".

TEMAS RELACIONADOS

DUALIDADE ONDA-PARTÍCULA
p. 28

CROMODINÂMICA QUÂNTICA
p. 148

GRAVITAÇÃO QUÂNTICA
p. 152

DADOS BIOGRÁFICOS

MARTINUS VELTMAN
1931-
Físico holandês e um dos pioneiros da TQC, ajudou a combinar a força nuclear fraca com a EDQ

GERARDUS T'HOOFT
1946-
Físico holandês que colaborou com Veltman na força nuclear fraca e trabalhou na QCD e na gravitação quântica

Textos por Leon Clifford

O campo magnético que protege a Terra dos ventos solares precisa da teoria quântica de campos para descrever seu comportamento mecânico quântico.

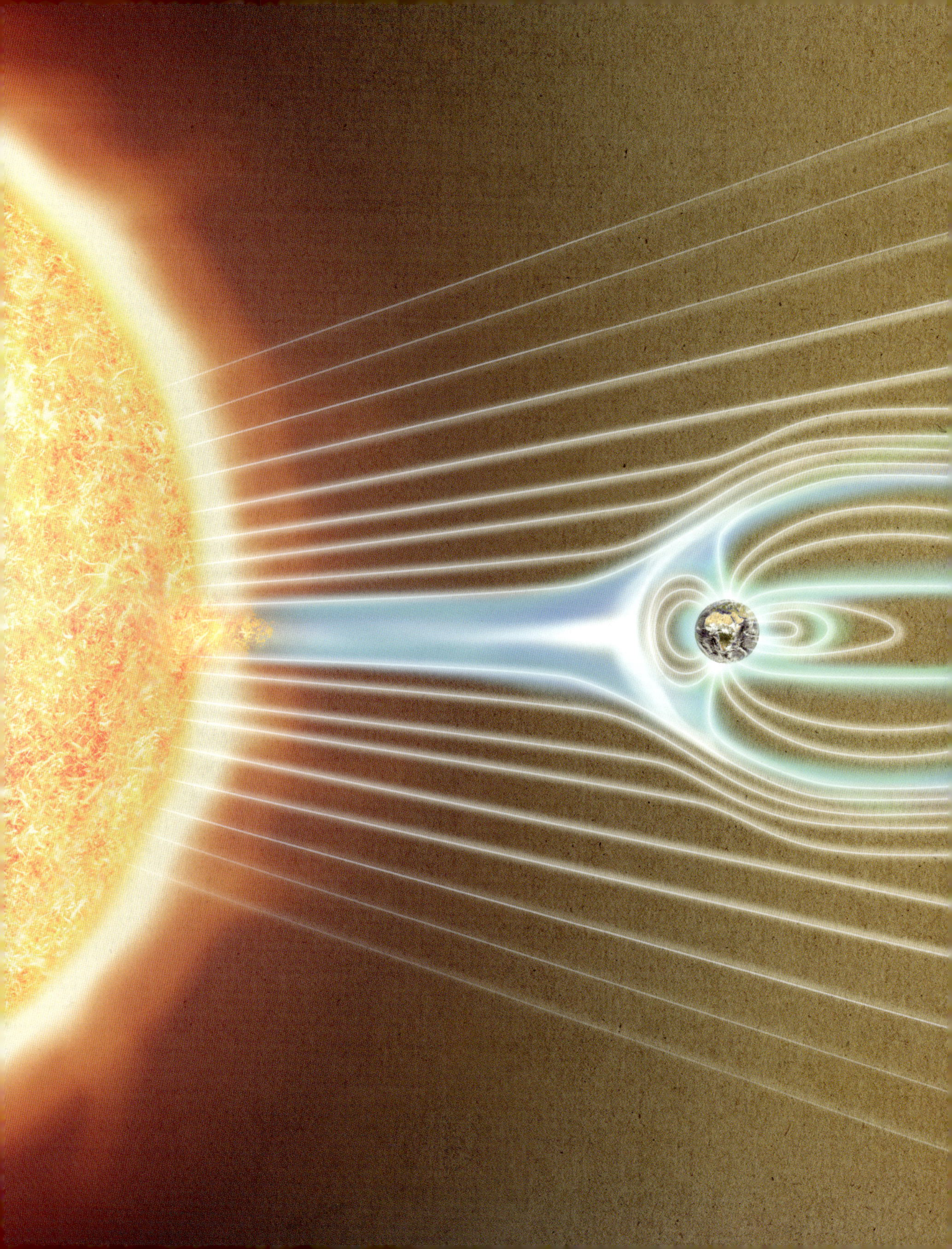

PRINCÍPIOS BÁSICOS DA EDQ

A EDQ – eletrodinâmica quântica

– leva a teoria clássica do eletromagnetismo desenvolvida no século XIX por James Clerk Maxwell para dentro do mundo da mecânica quântica e da relatividade especial. O eletromagnetismo clássico explica as correntes elétricas e as ondas eletromagnéticas, como as ondas de luz e de rádio, em termos de campos eletromagnéticos; mas essa teoria foi desenvolvida antes da descoberta do elétron, que transporta carga elétrica, e do fóton, que transmite luz. A mecânica quântica explica como os elétrons e os fótons se comportam, mas é incapaz de lidar eficazmente com os campos eletromagnéticos. Ela também tem problemas com o comportamento dos elétrons em órbita ao redor dos átomos, onde seu deslocamento rápido se aproxima da velocidade da luz e exige que se empregue a teoria da relatividade especial. A EDQ foi inspirada por Paul Dirac, o primeiro a combinar com êxito a mecânica quântica e a relatividade especial, na equação de Dirac. Mas a existência de antimatéria prevista pela equação de Dirac provocou um novo problema. Ela significava a possibilidade de que uma partícula e uma antipartícula se destruíssem mutuamente numa explosão de energia que poderia se condensar em inúmeras combinações possíveis de novas partículas. Dirac percebeu que isso exigia o desenvolvimento de uma nova teoria que fosse capaz de lidar com todas essas partículas – e assim surgiu a EDQ.

FLASH
Por meio do trabalho pioneiro de Paul Dirac, a EDQ trouxe a teoria do eletromagnetismo para a era quântica.

REFLEXÃO
A história da física pode ser vista, sob vários aspectos, como uma série de fusões. Maxwell fundiu a eletricidade, o magnetismo e a luz numa teoria do eletromagnetismo; Einstein unificou o espaço e o tempo na relatividade especial; e a mecânica quântica juntou as ondas e as partículas. Dirac, então, uniu a relatividade especial e a mecânica quântica, e estas, por sua vez, foram combinadas com o eletromagnetismo para criar a EDQ. E essa história de fusões sucessivas continua até o presente.

TEMAS RELACIONADOS
EQUAÇÃO DE DIRAC
p. 60

TEORIA QUÂNTICA DE CAMPOS
p. 64

CROMODINÂMICA QUÂNTICA
p. 148

DADOS BIOGRÁFICOS

JAMES CLERK MAXWELL
1831-1879
Cientista britânico que unificou a eletricidade, o magnetismo e a luz numa única teoria coerente

PAUL DIRAC
1902-1984
Físico britânico cujo trabalho serviu de inspiração para o desenvolvimento da EDQ

Textos por Leon Clifford

Dirac ampliou a interpretação clássica do eletromagnetismo feita por Maxwell de forma a incluir as partículas quânticas.

PERIGOS DA RENORMALIZAÇÃO

Renormalização é uma técnica matemática para resolver um problema que surge dentro das teorias quânticas de campo, como a EDQ e a cromodinâmica quântica. Tal problema envolve o aparecimento de infinitudes constrangedoras que, sem a técnica, impossibilitariam a identificação de soluções significativas das equações da teoria. As infinitudes podem surgir porque pares de partícula e antipartícula aparecem e desaparecem durante períodos de tempo infinitesimalmente curtos dentro de um sistema quântico. Qualquer tentativa de somar os efeitos de todas essas diversas partículas leva rapidamente ao infinito, naquilo que os matemáticos chamam de série divergente. Em termos simples, a renormalização funciona agrupando alguns dos elementos que divergem até o infinito e, depois, justapondo-os um contra o outro; o saldo restante é substituído na equação por uma constante arbitrária cujo valor pode ser determinado por meio de experiência. Diz-se que uma teoria pode ser renormalizável desde que somente um número finito de constantes seja exigido e que os valores de cada constante possam ser determinados. Para que teorias quânticas de campo possam ser aceitas pela comunidade física, devem demonstrar que são renormalizáveis. Até o momento, ainda não se encontrou uma prova clara sobre a renormalização de várias teorias propostas para a gravitação quântica.

FLASH

Renormalização é um truque matemático inteligente que resolve um problema importante, mas foi chamado de "jogo dos três copinhos" por seu inventor mais famoso, Richard Feynman.

REFLEXÃO

Não há dúvida de que a renormalização funciona, mas Richard Feynman nunca se sentiu inteiramente à vontade com a técnica que ajudou a desenvolver. O grande físico Paul Dirac também advertiu contra a abordagem. Vale a pena lembrar que Dirac previu a existência da antimatéria ao se recusar a ignorar algumas soluções aparentemente estranhas de sua própria equação. Então seriam essas infinitudes de fato apenas provocações matemáticas ou, na verdade, nos revelariam algo profundo a respeito da natureza subjacente da realidade?

TEMAS RELACIONADOS

TEORIA QUÂNTICA DE CAMPOS
p. 64

PRINCÍPIOS BÁSICOS DA EDQ
p. 66

DIAGRAMAS DE FEYNMAN
p. 70

DADOS BIOGRÁFICOS

RICHARD FEYNMAN
1918-1988
Físico americano e um dos descobridores da renormalização

JULIAN SCHWINGER
1918-1994
Físico americano a quem se atribui a renormalização da EDQ

SIN-ITIRO TOMONAGA
1906-1979
Físico japonês que desenvolveu a renormalização de maneira independente

Textos por Leon Clifford

Pares de partícula/antipartícula que têm vida curta contribuem para a necessidade de renormalização das infinitudes.

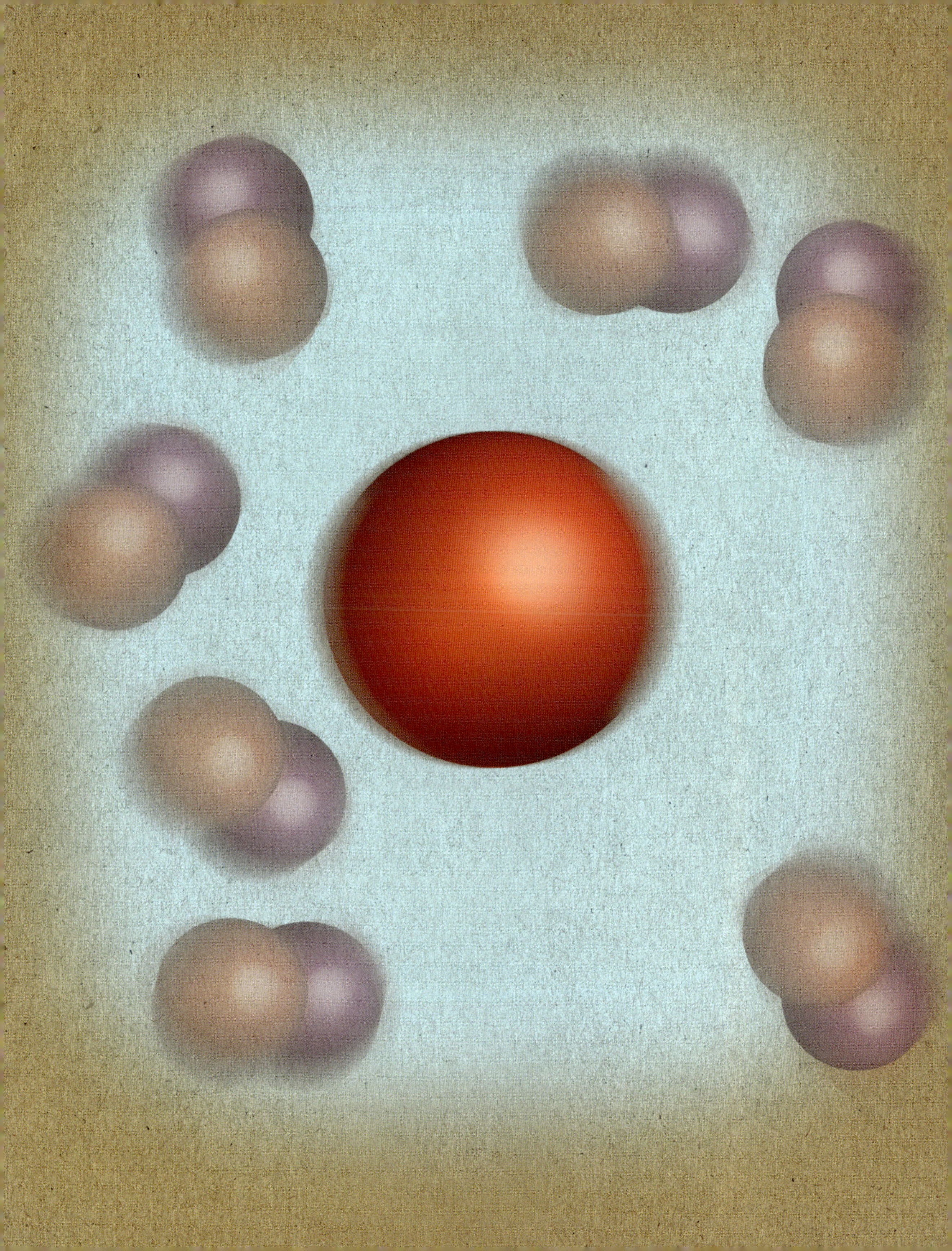

DIAGRAMAS DE FEYNMAN

Um modo de visualizar o que acontece quando ocorre uma mudança no mundo quântico é desenhar um diagrama de Feynman, um gráfico simples que mostra como as partículas subatômicas interagem. Os diagramas de Feynman foram desenvolvidos na década de 1940 pelo físico americano Richard Feynman como uma forma de compreender os processos envolvidos na teoria dos fótons e elétrons conhecida como eletrodinâmica quântica (EDQ). Esses diagramas continuam relevantes para todas as áreas da teoria quântica de campos e se mostraram extremamente eficazes em ajudar os cientistas a ter grandes ideias em alguns dos cálculos mais complexos na física de partículas de alta energia. Todo diagrama de Feynman tem de obedecer a um conjunto específico de regras para assegurar consistência e eficácia. Todos os diagramas de Feynman representam as partículas por meio de uma combinação de linhas onduladas e retas, e as interações ocorrem na intersecção das linhas. Curiosamente, os diagramas de Feynman mostram partículas de antimatéria se movendo ao longo do eixo do tempo, na direção oposta das partículas de matéria. Isso pode ser interpretado como a afirmação de que uma antipartícula é o equivalente de uma partícula de matéria normal que está voltando no tempo.

FLASH

Os diagramas de Feynman reduzem o mundo da física quântica a um gráfico mais imediato que representa a interação das partículas no tempo e no espaço.

REFLEXÃO

Será que o modo como encaramos a física influencia o modo como pensamos sobre ela? Os diagramas de Feynman oferecem um método visual facilmente compreensível que pressupõe uma visão do mundo baseada nas partículas. Isso está em desacordo com os campos matematicamente contínuos descritos pela teoria quântica de campos (TQC) e reflete o fato de que todas as teorias e métodos científicos não passam de modelos que preveem o que observamos, em vez de serem descrições fiéis da realidade.

TEMAS RELACIONADOS

TEORIA QUÂNTICA DE CAMPOS
p. 64

PRINCÍPIOS BÁSICOS DA EDQ
p. 66

PERIGOS DA RENORMALIZAÇÃO
p. 68

CROMODINÂMICA QUÂNTICA
p. 148

DADOS BIOGRÁFICOS

RICHARD FEYNMAN
1918-1988
Físico americano, inventor dos diagramas que levam seu nome

Textos por Leon Clifford

Os elegantes diagramas de Feynman se revelaram uma ferramenta essencial para compreender a eletrodinâmica quântica.

DE VOLTA NO TEMPO

Ondas que se deslocam para trás no tempo foram previstas nas célebres equações de termodinâmica desenvolvidas por James Clerk Maxwell, e essas previsões são levadas para a mecânica quântica. De acordo com a matemática, um evento que cria uma onda que se desloca para a frente no tempo – um elétron que emite um fóton como uma onda eletromagnética, digamos – cria simultaneamente um tipo diferente de onda, uma onda que se desloca para trás no tempo. Essas ondas revertidas no tempo são conhecidas como ondas avançadas – já que elas chegam antes de sua criação. Normalmente, as estranhas soluções matemáticas que possibilitam as ondas avançadas são ignoradas, mas isso não significa que elas não existam. Na verdade, existe uma interpretação da teoria quântica que descreve os eventos quânticos em termos das interações das ondas que voltam no tempo com as ondas que se deslocam para a frente no tempo. No entanto, ninguém nunca viu uma onda avançada. Uma hipótese é que isso se deve ao funcionamento da segunda lei da termodinâmica, e que, na verdade, os dois tipos de onda são produzidos em número igual, tal como previsto pela matemática. A ação da segunda lei significa que a onda para a frente no tempo será absorvida em algum ponto no futuro, e que isso resultará inevitavelmente no apagamento de todas as evidências da existência das ondas avançadas.

FLASH
Na mecânica quântica, o tempo é uma rua de mão dupla em que as ondas se deslocam tanto para trás como para a frente no tempo, embora apenas a onda que se desloca para a frente seja detectável.

REFLEXÃO
Se as ondas avançadas se tornassem detectáveis um dia, então seria possível, em princípio, enviar uma mensagem de volta no tempo, usando uma onda avançada e apontando o emissor para o lugar no espaço em que a Terra estava em algum momento no passado. Quais seriam as consequências disso?

TEMAS RELACIONADOS

INTERPRETAÇÃO DE COPENHAGUE
p. 84

INTERPRETAÇÃO DE MUITOS MUNDOS
p. 92

EPR
p. 98

DADOS BIOGRÁFICOS

JAMES CLERK MAXWELL
1831-1879
Cientista britânico que unificou a eletricidade, o magnetismo e a luz numa única teoria coerente

JOHN ARCHIBALD WHEELER
1911-2008
Físico americano que, ao lado de Richard Feynman, explicou por que não vemos as ondas avançadas

Textos por Leon Clifford

Ondas avançadas indetectáveis se deslocam para trás no tempo para chegar à origem no exato momento da emissão.

INTERPRETAÇÕES E EFEITOS QUÂNTICOS

difusão de Bohm Uma relação matemática da velocidade com que um plasma (um conjunto de íons carregados) se dispersa sob a influência de um campo magnético. Embora esse processo seja muito mais complexo do que a dispersão de um gás, é descrito por meio de uma fórmula simples que envolve apenas temperatura, intensidade do campo magnético e uma constante.

experimento mental Um experimento que não é realizado de verdade, mas pode ser usado para demonstrar um conceito ou uma ideia. O gato de Schrödinger (p. 46) é provavelmente o mais conhecido experimento mental de física, mas Einstein, por exemplo, sempre recorria a eles, particularmente em suas tentativas de desacreditar a teoria quântica. Seu mais conhecido experimento mental, o EPR (p. 98), levou ao desenvolvimento de experimentos reais que demonstraram o emaranhamento quântico.

fóton Uma partícula quântica de luz e o transmissor da força eletromagnética. Até o século XX, a luz era considerada uma onda, mas tanto a teoria como as experiências demonstraram que ela também pode ser tratada como uma partícula sem massa.

função de onda Na física quântica, a função de onda é uma fórmula matemática que descreve o comportamento de um estado quântico da partícula, que evolui ao longo do tempo de acordo com a equação de onda de Schrödinger. A onda em questão, que se espalha ao longo do tempo, não descreve a partícula em si, e sim a probabilidade de um estado quântico ter um valor específico – assim, por exemplo, ela pode descrever a probabilidade de encontrar uma partícula em diferentes locais. A probabilidade é dada pelo quadrado da função de onda.

partículas alfa/decaimento alfa Partículas alfa são núcleos de hélio compostos de dois prótons e dois nêutrons. Ao lado das partículas beta, são um dos três tipos de radiação produzida no decaimento radiativo, quando o núcleo de um átomo perde parte de sua massa com uma liberação de energia.

Projeto Manhattan Projeto dos Aliados durante a Segunda Guerra Mundial para construir uma bomba atômica, implantado em resposta a informações de que a Alemanha estava tentando produzir uma. Liderado pelos EUA e localizado no país, mas com importantes contribuições do Reino Unido e do Canadá.

Tendo recebido esse nome em razão da sede temporária da seção do Exército, baseada na Broadway, o projeto reuniu diversos locais, embora o centro principal ficasse em Los Alamos, no Novo México. O primeiro teste da bomba, cujo nome em código era Trinity, ocorreu em 16 de julho de 1945, no que é hoje o Campo de Provas de White Sands, menos de quatro semanas antes de seu lançamento no Japão.

sobreposição É um comportamento fundamental da teoria quântica que não tem equivalente no mundo macro de objetos que nos rodeia. Ela indica que quando uma partícula quântica tem um estado que, digamos, possui dois valores possíveis – como um spin, que pode ser "para cima" ou "para baixo" –, ela não terá um valor real, mas simplesmente a probabilidade de estar num estado ou no outro, até ser mensurada quando colapsa num valor real único. Uma moeda jogada para cima é um elemento do mundo real com dois estados. Antes de olharmos para a moeda, ela poderia ser cara ou coroa, com 50% de probabilidade – mas nós sabemos que ela realmente tem um desses valores. Um lado está virado para cima. Uma partícula quântica, entretanto, não tem nenhum valor, apenas as probabilidades enquanto ela está em sobreposição.

tempo de tunelamento zero Como uma partícula quântica não tem uma localização precisa antes de ser observada, ela pode ultrapassar um obstáculo que não deveria ser capaz de ultrapassar. Esse processo é conhecido como tunelamento quântico. Em experimentos em que uma partícula é medida passando por uma trajetória que contém uma barreira, as partículas que atravessam a barreira via tunelamento parecem não gastar nenhum tempo dentro da barreira, daí o "tempo de tunelamento zero".

DIVISORES DE FEIXE

Todos já experimentaram uma sofisticada ferramenta quântica chamada divisor de feixe, porque o vidro de uma janela é um excelente exemplo. Fique parado numa sala à noite com a luz acesa e olhe para fora da janela. Você poderá ver seu reflexo nitidamente. Contudo, vá para o lado de fora e também conseguirá enxergar dentro da sala. Embora parte da luz da sala seja refletida para dentro – talvez 5% –, a maior parte passa através do vidro. (Isso ocorre o tempo todo, mas só é evidente à noite, uma vez que mal dá para ver o reflexo à luz do dia.) Isso apresenta um problema interessante. Newton pensava que a luz era feita de partículas, mas não conseguia explicar por que uma partícula específica refletia ou passava através do vidro. Ele pensava que a causa poderiam ser imperfeições na superfície, embora isso não fosse confirmado pela experiência. Hoje sabemos que isso se deve à natureza quântica dos fótons. Não podemos afirmar se um fóton vai refletir, simplesmente a probabilidade de que ocorra. O efeito é ainda mais extraordinário porque a porcentagem refletida da superfície interna depende da espessura do vidro. Os fótons que entram são influenciados por essa característica porque, como partículas quânticas, estão suficientemente espalhados para interagir com toda a lâmina, não somente com a superfície.

FLASH
Uma janela é uma ferramenta quântica chamada divisor de feixe que permite a passagem de uma parte dos fótons. Isso confundiu Newton, que desconhecia a natureza probabilística das partículas quânticas.

REFLEXÃO
Divisores de feixes podem emaranhar partículas, inclusive grupos delas. O processo começa com o envio de um fóton, sem observá-lo, através de um divisor de feixe. Ele se encontra numa sobreposição de estados – dispomos apenas de probabilidades de que ele foi refletido ou atravessou o divisor de feixe. Cada trajetória interage com uma "nuvem de átomos", depois passa por um divisor de feixe polarizador, "escolhendo" a direção conforme a polarização. Enfim o fóton é detectado, provocando o emaranhamento das nuvens de átomos. Os detalhes exigem cálculos matemáticos complicados, mas o processo funciona.

TEMAS RELACIONADOS
DUPLA FENDA QUÂNTICA
p. 32

TUNELAMENTO QUÂNTICO
p. 80

EPR
p. 98

DADOS BIOGRÁFICOS

ISAAC NEWTON
1643-1727
Físico britânico mais conhecido pela gravitação e pelas leis do movimento, mas também muito atuante em óptica

MICHAEL HORNE
1943-
Principal físico americano da teoria quântica e do emaranhamento, além de especialista em divisor de feixe

Textos por Brian Clegg

A maior parte da luz passa através do vidro da janela, mas uma parte é refletida, um processo que Newton teve dificuldades para explicar.

TUNELAMENTO QUÂNTICO

FLASH
Tunelamento quântico é a penetração de partículas quânticas através de uma barreira, mesmo que em termos clássicos as partículas careçam de energia suficiente para superá-la.

REFLEXÃO
O tunelamento quântico pode ser útil na microeletrônica de semicondutores, mas também representa um transtorno. À medida que os transístores nos chips de silício ficam menores, as camadas isolantes que separam os componentes se tornam mais finas, com apenas alguns átomos de largura. Isso as transforma em barreiras permeáveis, já que os elétrons podem atravessá-las, tornando-se impossível, então, desligar os aparelhos. Até agora o problema tem sido resolvido substituindo-se o isolante de dióxido de silício por outro melhor, feito de dióxido de háfnio.

Se uma bola rola morro acima, mas lhe falta a energia para alcançar o topo, ela nunca chegará ao outro lado. Isso parece óbvio, mas em física quântica não é verdade. Um objeto quântico como um elétron ou um fóton pode passar através de uma barreira mesmo se em termos clássicos ele não tiver energia suficiente. Esse chamado tunelamento quântico é uma consequência do fato de as partículas quânticas não terem uma localização definida, apenas a função de onda que descreve a probabilidade de encontrar o objeto em diferentes pontos no espaço. A presença de uma barreira enfraquece a função de onda, mas não a reduz a nada, mesmo no lado distante: existe uma possibilidade finita, embora pequena, de que o objeto possa ser encontrado ali. O tunelamento desempenha um papel importante em diversos fenômenos naturais. É ele que permite que as partículas alfa escapem das poderosas forças restritivas de um núcleo atômico em decaimento radiativo; ele pode acelerar a velocidade de alguns processos químicos e permitir que certas reações químicas se desenvolvam no gélido espaço interestelar. O efeito é usado tecnologicamente, por exemplo, em determinados tipos de diodo em que os elétrons atravessam, via tunelamento, a junção entre dois tipos de semicondutor.

TEMA RELACIONADO
JUNÇÕES JOSEPHSON
p. 126

DADOS BIOGRÁFICOS
FRIEDRICH HUND
1896-1997
Físico alemão, pioneiro da química quântica que foi o primeiro a reconhecer a importância do tunelamento na emissão de luz dos espectros de moléculas

GEORGE GAMOW
1904-1968
Físico teórico americano nascido na Rússia que reconheceu a importância do tunelamento quântico no decaimento alfa

GERD BINNIG e
HEINRICH ROHRER
1947- e 1933-2013
Inventores alemão e suíço do microscópio de corrente de tunelamento na década de 1980, pelo que receberam o Prêmio Nobel de Física de 1986

Textos por Philip Ball

Uma partícula tunelante contorna uma barreira deslocando-se do ponto A para o ponto B sem atravessar o espaço entre os pontos.

EXPERIÊNCIAS SUPERLUMÍNICAS

Uma consequência extraordinária da física quântica é que os fótons podem se deslocar mais rapidamente que a velocidade da luz. Essas experiências "superlumínicas" enviam fótons na direção de uma barreira que eles não conseguiriam ultrapassar. A teoria quântica afirma que a localização de um fóton não é fixa, e que existe uma pequena possibilidade de ele já estar do outro lado da barreira. Portanto, alguns fótons passam instantaneamente através dela e seguem em frente. Se a barreira tem a largura de 1 unidade de distância, e o fóton percorre a mesma distância dos dois lados da barreira, ele atravessa 3 unidades de distância no tempo que a luz normalmente leva para cobrir 2 unidades, deslocando-se a 1,5 vez a velocidade da luz. O antigo pesquisador Raymond Chiao insiste que é impossível enviar um sinal desse modo, porque os fótons que atravessam uma barreira são aleatórios. No entanto, em 1995, Günter Nimtz fez um ajuste no feixe de tunelamento, que ele demonstrou ao tocar uma gravação da Sinfonia nº 40 de Mozart e transmiti-la a mais de quatro vezes a velocidade da luz. Ainda existe uma controvérsia se o sinal realmente se desloca mais rápido que a luz ou se é simplesmente distorcido pelo processo, um pouco como um corredor que se inclina para a frente para romper a fita de chegada primeiro.

FLASH

Como as partículas quânticas que cavam um túnel através de uma barreira o fazem em tempo zero, os fótons que passam pelo tunelamento parecem se deslocar mais rapidamente que a luz.

REFLEXÃO

A maioria dos experimentos iniciais usou barreiras técnicas chamadas guias de onda em miniatura ou retículas fotônicas. Nimtz usa frequentemente um exemplo de tunelamento descoberto por Newton – a reflexão interna total frustrada. Quando um feixe de luz penetra em um prisma num ângulo reto, ele ricocheteia na parte de trás do vidro. Newton descobriu que um segundo prisma, colocado próximo, mas sem tocar no primeiro, permitia que parte do feixe atravessasse em vez de refletir. Isso acontece porque os fótons atravessam, via tunelamento, a barreira formada pelo intervalo.

TEMAS RELACIONADOS

EQUAÇÃO DE SCHRÖDINGER
p. 42

TUNELAMENTO QUÂNTICO
p. 80

JUNÇÕES JOSEPHSON
p. 126

DADOS BIOGRÁFICOS

ISAAC NEWTON
1643-1727
Físico britânico conhecido pela gravitação e pelas leis do movimento, mas também muito atuante em óptica

GÜNTER NIMTZ
1936-
Físico alemão que trabalhou no impacto da radiação eletromagnética sobre os seres humanos e nos efeitos superlumínicos do tunelamento quântico

RAYMOND CHIAO
1940-
Físico americano especializado em óptica quântica

Textos por Brian Clegg

Nimtz usou o tunelamento entre dois prismas para transmitir uma sinfonia de Mozart mais rápido que a luz.

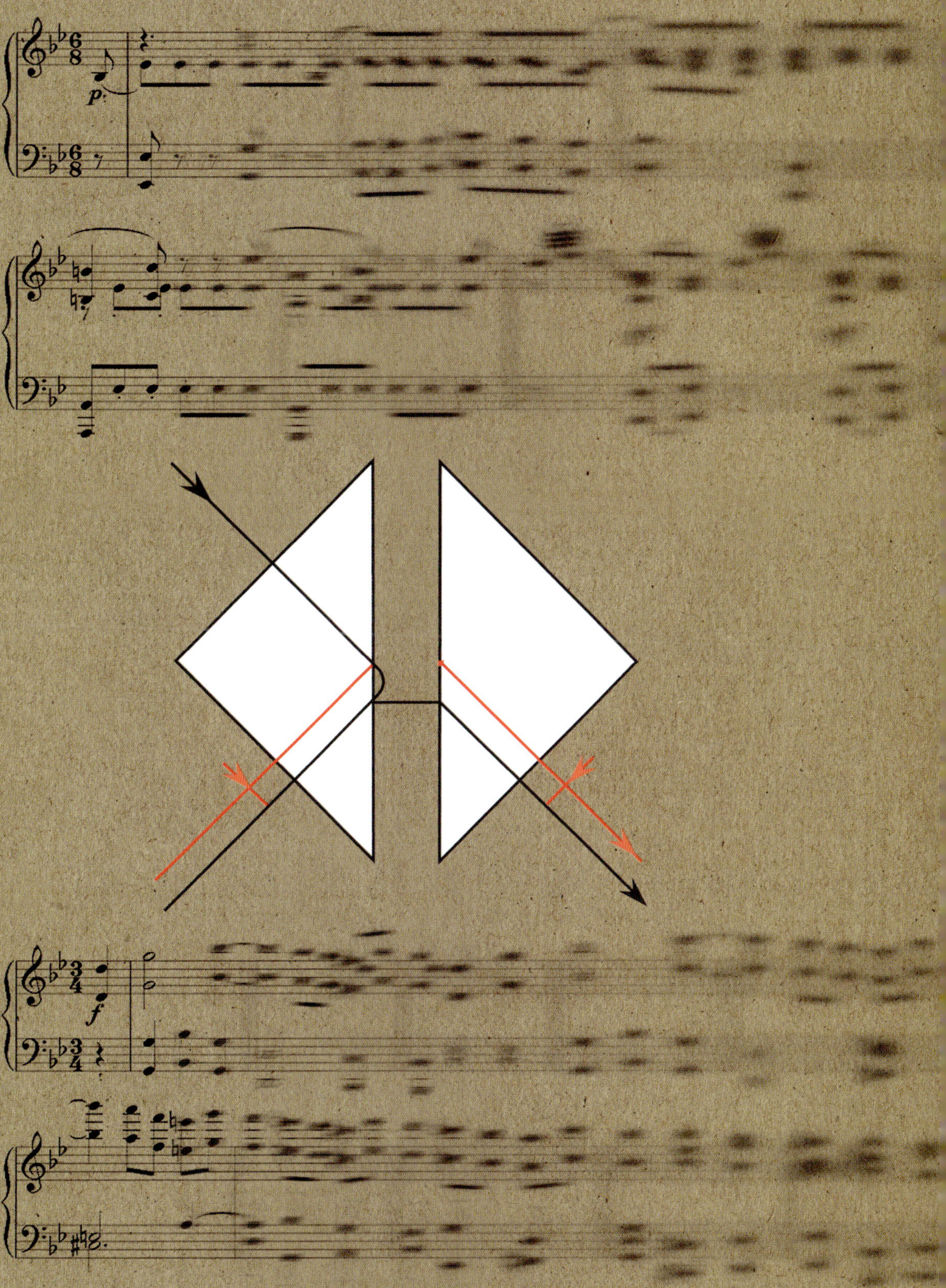

INTERPRETAÇÃO DE COPENHAGUE

FLASH
A Interpretação de Copenhague declara que não faz sentido pensar em algo mais fundamental para os sistemas quânticos do que aquilo que somos capazes de medir.

REFLEXÃO
Um elemento central da Interpretação de Copenhague é a noção de complementaridade de Bohr. Isso significa que é possível responder a algumas perguntas com uma experiência, e outras com outra, mas elas não darão resultados necessariamente coerentes. Em uma você vê uma partícula; em outra, uma onda. Nenhuma é mais verdadeira: ambas são necessárias. Embora muitos físicos aceitem isso, atualmente eles não se entusiasmam tanto com a convicção de Bohr e seus seguidores em estender a complementaridade à biologia, ética, religião, política e psicologia.

Quando a teoria quântica ganhou corpo na década de 1920, parecia muito estranha. A equação de Schrödinger indicava que as partículas podiam se comportar como ondas. As partículas quânticas podiam existir em sobreposições. Heisenberg formulou seu Princípio da Incerteza. O que aquilo tudo significava? Niels Bohr, trabalhando em Copenhague e auxiliado por Heisenberg, entre outros, apresentou uma análise desconcertante, hoje conhecida como Interpretação de Copenhague, que rompeu com a crença consagrada de que a ciência sempre consegue descobrir as coisas. Ela aceita que na teoria quântica existem perguntas sem resposta e que uma experiência pode não ser coerente com outra. Tudo que podemos saber a respeito do mundo é o que podemos medir. Pegue a experiência clássica de um feixe de fótons arremessado através de duas fendas paralelas. Se você não perguntar por qual fenda os fótons passam, eles se comportam como ondas que formam um padrão de interferência de claro e escuro no lado distante. Se você montar o equipamento para detectar por qual fenda eles passam, não existe padrão de interferência. Mas por qual fenda eles "realmente" passaram para provocar interferência? De acordo com a Interpretação de Copenhague, não se pode perguntar isso. Não existe realidade essencial além da descrição quântica, nada mais fundamental do que probabilidades e mensurações.

TEMAS RELACIONADOS

DUPLA FENDA QUÂNTICA
p. 32

DUALIDADE ONDA-PARTÍCULA
p. 28

EQUAÇÃO DE SCHRÖDINGER
p. 42

PRINCÍPIO DA INCERTEZA DE HEISENBERG
p. 48

DADOS BIOGRÁFICOS
DAVID MERMIN
1935-
Físico americano autor de uma conhecida paráfrase da Interpretação de Copenhague: "Cale a boca e calcule!"

Textos por Philip Ball

A complementaridade afirma que a luz pode se comportar como ondas (acima) ou como partículas (abaixo), mas não ambas ao mesmo tempo.

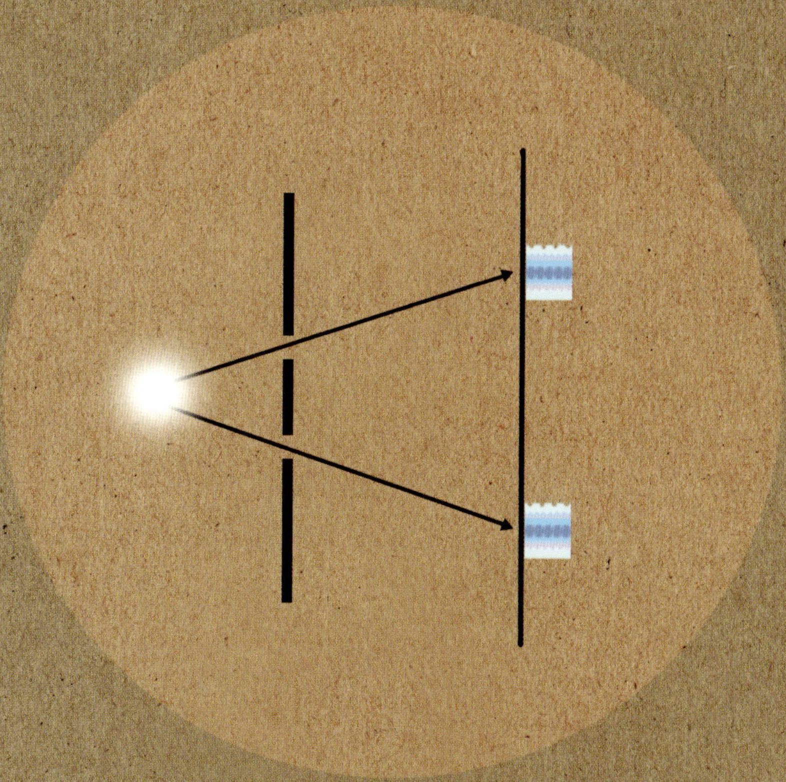

INTERPRETAÇÃO DE BOHM

Há uma alternativa à Interpretação de Copenhague sobre o que acontece quando se tenta medir um sistema quântico, provocando o colapso da função de onda. Ela afirma que esse problema de medição na física quântica não existe, já que as partículas sempre só estão em um único lugar em qualquer momento, mesmo quando não há ninguém por perto para observá-las. Por exemplo, na experiência da dupla fenda, as partículas não passam através das duas fendas simultaneamente; em vez disso, cada partícula passa apenas por uma fenda. Nesse modelo, a função de onda serve para determinar a distribuição de partículas no final da experiência, e o aparente colapso localizado da função de onda nada mais é que o resultado de se fazer uma medição específica num momento específico de partículas discretas que, obviamente, já estavam seguindo determinadas trajetórias. Essa abordagem causal e determinista da mecânica quântica é totalmente diferente do tratamento probabilístico mais amplamente aceito. Essa visão é conhecida como Interpretação de Bohm, por causa de David Bohm, o físico teórico americano responsável por sua criação. Ideias semelhantes foram propostas nos primórdios da mecânica quântica por Louis de Broglie, e a explicação é às vezes chamada de teoria de De Broglie-Bohm.

FLASH
Bohm tentou eliminar o elemento de acaso da mecânica quântica, desafiando a teoria amplamente aceita.

REFLEXÃO
Se a realidade está baseada em alguma estrutura determinista, de maneira que cada aspecto do mundo que habitamos, incluindo o funcionamento de nosso cérebro, é determinado pelas leis físicas que controlam o conjunto do universo, então será que o livre-arbítrio realmente existe?

TEMAS RELACIONADOS

INTERPRETAÇÃO DE COPENHAGUE
p. 84

INTERPRETAÇÃO DE MUITOS MUNDOS
p. 92

EPR
p. 98

DESIGUALDADES DE BELL
p. 100

DADOS BIOGRÁFICOS

LOUIS DE BROGLIE
1892-1987
Físico francês que foi o primeiro a propor uma abordagem causal para a mecânica quântica

Textos por Leon Clifford

A Interpretação de Bohm restauraria um universo previsível em que tudo é predeterminado.

20 de dezembro de 1917
Nasce em Wilkes-Barre, Pensilvânia, EUA

1939
Forma-se em ciência na Universidade Estadual da Pensilvânia

1940
Junta-se a Robert Oppenheimer na Universidade da Califórnia, em Berkeley, como aluno de pesquisa em pós-graduação

1943
Recebe o título de doutor por pesquisas sobre dispersão nuclear. Trabalha no Laboratório de Radiação de Berkeley, contribuindo com cálculos para o Projeto Manhattan

1947
Muda-se e se torna professor assistente de física em Princeton, onde trabalha ao lado de Albert Einstein e realiza pesquisas com plasmas, metais e mecânica quântica

1949
Descobre uma lei que regula a difusão de plasma em campos magnéticos – hoje chamada de difusão de Bohm – e publica um ensaio descrevendo o fenômeno

1951
Muda-se para o Brasil e publica seu primeiro livro, *Quantum Theory*, assumindo um ponto de vista convencional

1957
Muda-se para o Reino Unido e publica *Causalidade e acaso na física moderna*, que expõe sua visão determinista da mecânica quântica

1959
Com Yakir Aharonov, descobre o Efeito Aharonov-Bohm, demonstrando que os potenciais eletromagnéticos são reais, não apenas conceitos matemáticos

1980
Publica *Totalidade e a ordem implicada*, resumindo sua crença de que existe uma base subjacente mais profunda da realidade

1990
Eleito membro da Royal Society

27 de outubro de 1992
Morre em Londres

1993
The Undivided Universe: An Ontological Interpretation of Quantum Theory, texto fundamental que explica a Interpretação de Bohm, escrito com Basil Hiley, é publicado postumamente

◑ Interpretações e efeitos quânticos

DAVID BOHM

A busca por uma ordem mais profunda no mundo definiu a vida do físico teórico David Bohm, que pôs em dúvida a Interpretação de Copenhague. Essa busca inspirou seu trabalho em mecânica quântica, levou-o a flertar com o misticismo oriental no fim da vida e, durante a década de 1930, aproximou-o do comunismo – o que acabou por obrigá-lo a deixar os EUA, sua terra natal, e a viver no exílio. Em 1949, Bohm se recusou a testemunhar no Congresso contra Robert Oppenheimer, seu antigo orientador de doutorado e suspeito de ser simpatizante do comunismo. Bohm foi preso e acusado de desacato ao Congresso. Mais tarde foi julgado e inocentado, mas o escândalo fez com que perdesse o emprego em Princeton. Após esse evento, Bohm trabalhou no exterior, mudando-se primeiro para o Brasil, em 1951, depois para Israel, no ano de 1955. Por fim fixou residência no Reino Unido em 1957, tornando-se em 1961 professor de física teórica no Birkbeck College, da Universidade de Londres, onde desenvolveu detalhadamente sua interpretação da teoria quântica.

Dois grandes amigos intelectuais influenciaram Bohm: o físico Albert Einstein, em Princeton, e o filósofo Jiddu Krishnamurti, em Londres; ambos, cada um a sua maneira, ajudaram Bohm na busca da ordem na ciência e na sociedade. As dúvidas irritantes de Einstein com relação à mecânica quântica e sua visão de que "Deus não joga dados" certamente calaram fundo no jovem Bohm, enquanto a perspectiva espiritual de Krishnamurti ajudou Bohm a situar sua ideia da unicidade do universo em um contexto filosófico.

Bohm acabou acreditando que existe uma realidade mais profunda do universo, e que o mundo que vemos a nosso redor é semelhante a um fantasma, uma projeção dessa verdade oculta. Para Bohm, a verdadeira realidade só poderia ser vislumbrada por uma mente livre dos autoenganos criados pelo próprio processo do pensamento. Sua interpretação era a de que o universo que vemos – o universo do espaço e do tempo, das partículas e da mecânica quântica – desabrocha naturalmente a partir dessa realidade subjacente mais profunda, que ele chamou de ordem implícita.

A crença de Bohm resultou numa nova interpretação da mecânica quântica, que recorre à função de onda com relação a todo o universo, que pode evoluir de acordo com a equação de Schrödinger e que é determinista, dirigindo a trajetória de todas as partículas existentes. Esse tratamento causal e determinista é diferente da explicação probabilística da Interpretação de Copenhague. A visão heterodoxa que Bohm tinha da mecânica quântica nunca foi totalmente aceita pelos físicos, mas continua sendo uma interpretação alternativa coerente.

Leon Clifford

COLAPSO DA CONSCIÊNCIA

FLASH
Parece que se pode afetar o mundo quântico simplesmente observando-o – mas será que isso exige consciência?

REFLEXÃO
A possibilidade de que a mente interaja de alguma forma com o mundo quântico levanta a questão de saber se a consciência pode, ela própria, ser um fenômeno quântico. Afinal, o cérebro é composto de átomos e usa sinais elétricos, que estão, todos eles, sujeitos às leis da física. Chegará o dia em que a mecânica quântica será capaz de oferecer uma explicação para o mistério da consciência humana?

As funções de onda quântica colapsam quando tentamos observar e medir os sistemas quânticos. Quando isso acontece, todos os estados possíveis do sistema quântico se fundem no estado observado, um fenômeno que deu origem às interpretações de Copenhague, de Muitos Mundos e de Bohm da mecânica quântica. Porém, as perguntas acerca do que leva a função de onda a colapsar e em que ponto no processo de medição o verdadeiro colapso ocorre continuam objeto de controvérsia. Um palpite (que não é mais amplamente defendido) era o de que a função de onda só colapsa quando um observador consciente está envolvido na medição. Como os observadores conscientes só podem ver o mundo de uma maneira, eles devem estar em um estado ou outro, e não podem estar simultaneamente em diversos estados; é essa exigência de que a consciência esteja em um único estado que força a função de onda a colapsar. Para explicar a ideia, o físico Eugene Wigner apresentou uma versão do célebre experimento mental do gato de Schrödinger, na qual um amigo foi colocado na caixa com o gato. Wigner sugeriu que a presença da mente consciente do amigo provocaria o colapso da função de onda dentro da caixa, cristalizando o estado do gato como vivo ou morto.

TEMAS RELACIONADOS
GATO DE SCHRÖDINGER
p. 46

COLAPSO DAS FUNÇÕES DE ONDA
p. 50

DADOS BIOGRÁFICOS
EUGENE WIGNER
1902-1995
Físico nascido na Hungria e o primeiro a sugerir que o colapso da função de onda ocorria como resultado da interação com nossa consciência

JOHN VON NEUMANN
1903-1957
Matemático nascido na Hungria que considerava a consciência como um elemento da cadeia envolvida no colapso da função de onda

Textos por Leon Clifford

Alguns físicos sugeriram que é preciso um observador consciente, como um ser humano, para provocar o colapso de uma função de onda.

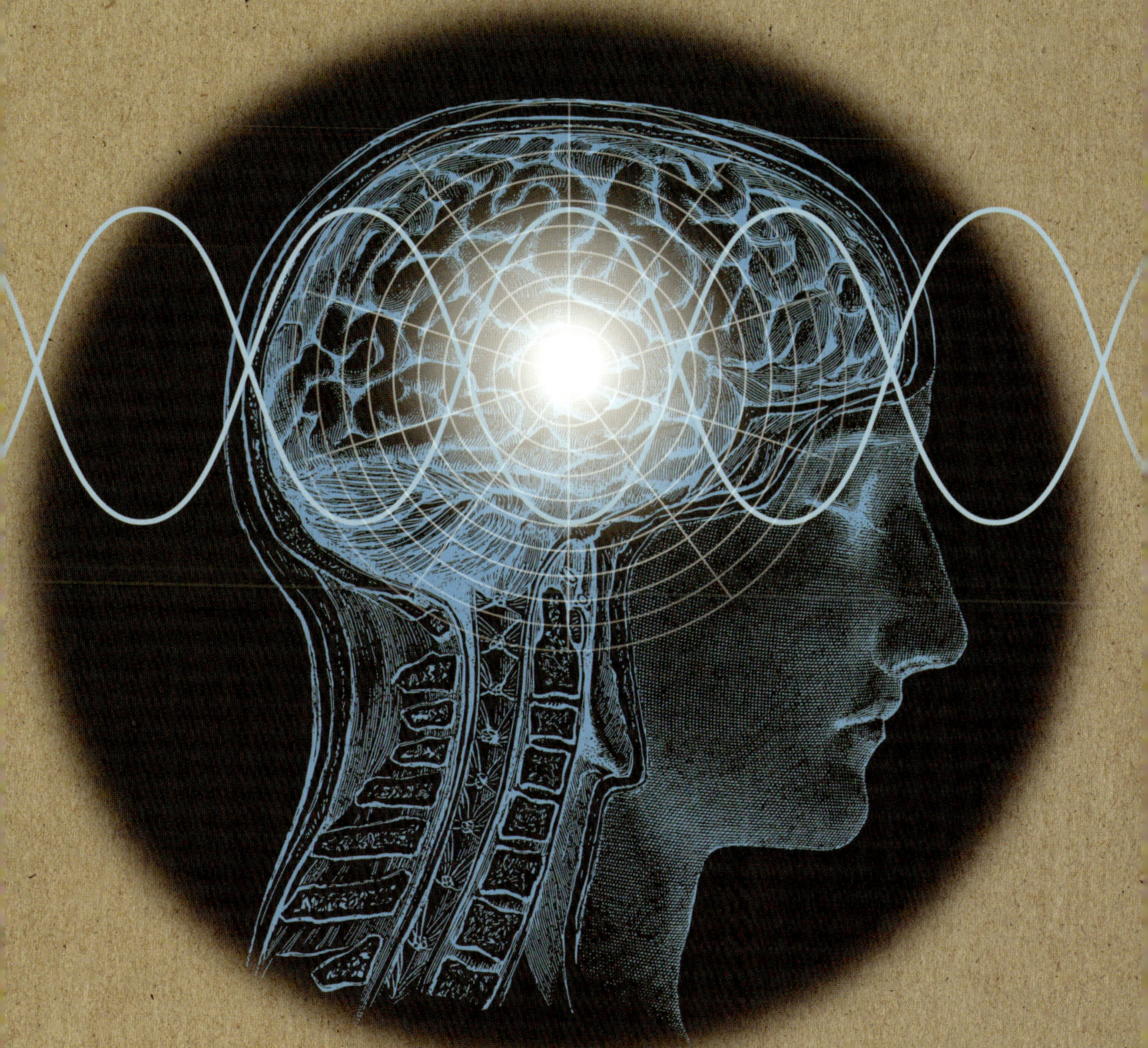

INTERPRETAÇÃO DE MUITOS MUNDOS

Muitos físicos aceitam a Interpretação de Copenhague da física quântica de que partículas quânticas podem verdadeiramente estar em mais de um estado ao mesmo tempo, e que a onda de probabilidade que prevê sua posição lhes permite se comportar como se estivessem em mais de um lugar. Para alguns, porém, essa postura vai longe demais. Hugh Everett estava decidido a descobrir uma forma de racionalizar o comportamento estranho das partículas quânticas. Em sua polêmica tese de doutorado, ele apresentou a teoria que iria exercer uma enorme influência em sua vida profissional: a Interpretação de Muitos Mundos. Ela descarta a ideia de que as formas de onda colapsem para oferecer um valor específico ao serem observadas. Em vez disso, de acordo com os Muitos Mundos, toda vez que uma partícula quântica pode ter mais de um estado, o mundo se divide. A partícula existe em um estado numa versão do universo e em outro estado na outra. A realidade que experimentamos é apenas um caminho através de cada um desses mundos. Isso significa que não precisamos mais nos preocupar com o modo como um fóton ou elétron interfere consigo mesmo ao passar por uma experiência de dupla fenda – num universo ele passa pela primeira fenda, noutro ele passa pela segunda. Embora só experimentemos um único universo diretamente, podemos ver o resultado da interação dos diferentes universos no padrão de interferência de bordas luminosas e escuras gerado pelas duplas fendas.

FLASH

Inicialmente chamada de formulação do estado relativo, a teoria de 1957 hoje conhecida como Muitos Mundos sugere a existência de um conjunto infinito de universos paralelos.

REFLEXÃO

Se a Interpretação de Muitos Mundos é verdadeira, então o mais célebre paradoxo da teoria quântica, o gato de Schrödinger, deixa de ser um problema. Em um mundo o gato está vivo, no outro está morto. Ele não pode estar em ambos os estados simultaneamente no mesmo mundo. Todos os resultados possíveis de cada decisão quântica existem em suas próprias áreas da realidade. No entanto, muitos físicos acreditam que a complexidade suplementar de Muitos Mundos, que exige um novo mundo toda vez que cada partícula do universo sofre uma mudança, é um preço alto a ser pago para contornar a estranheza da Interpretação de Copenhague.

TEMAS RELACIONADOS

GATO DE SCHRÖDINGER
p. 46

INTERPRETAÇÃO DE COPENHAGUE
p. 84

INTERPRETAÇÃO DE BOHM
p. 86

DADOS BIOGRÁFICOS

HUGH EVERETT III
1930-1982
Físico americano que propôs essa interpretação pela primeira vez

BRYCE DEWITT
1923-2004
Físico americano que popularizou e batizou a Interpretação de Muitos Mundos

Textos por Brian Clegg

Em Muitos Mundos, toda vez que existe mais de um resultado possível no nível quântico, existe um mundo diferente para abrigá-lo.

EMARANHAMENTO QUÂNTICO

EMARANHAMENTO QUÂNTICO
GLOSSÁRIO

bit Contração de BInary digiT [dígito binário], a unidade básica de armazenamento em computação. Um bit pode ter valor de 0 ou 1.

bit quântico Também conhecido como qubit, é o equivalente de um bit em cálculo quântico. Enquanto um bit só pode ter um valor de 0 ou 1, um bit quântico pode estar numa sobreposição de estados em que ele representa as probabilidades de ser 0 ou 1. Os bits quânticos também podem ser emaranhados, multiplicando as combinações de valores, de modo que se pode fazer um cálculo quântico muito maior com bits quânticos do que se poderia fazer com o mesmo número de bits.

cavidade de micro-ondas Uma câmara metálica que contém uma onda eletromagnética na parte de micro-ondas do espectro. A câmara funciona como um ressonador, assim como uma corda consegue vibrar numa frequência específica; porém, em vez de uma onda física que se encaixa entre dois pontos fixos numa corda, na cavidade de micro-ondas existe uma onda eletromagnética que se encaixa entre dois pontos "fixos" criados pelas paredes metálicas da câmara.

chave de uso único Recurso de criptografia inviolável inventado em 1918. Cada caractere da mensagem a ser criptografa tem um valor, escolhido aleatoriamente, acrescentado a ele. A própria mensagem final é aleatória e não pode ser decodificada. Apesar de ser inviolável, ela não foi utilizada amplamente porque a relação de valores (a "chave") tem de ser fornecida a ambas as extremidades da comunicação, e essa chave pode ser interceptada.

conservação de momento O momento de um objeto é sua massa multiplicada por sua velocidade. O momento é conservado; portanto, se, por exemplo, uma partícula estacionária (com momento zero) se divide em duas partículas móveis, essas partículas também têm de ter momento igual e oposto.

criptografia O uso de códigos e cifras para ocultar o significado da informação.

emaranhamento quântico Um aspecto fundamental da teoria quântica: duas (ou mais) partículas quânticas podem estar conectadas de tal maneira que uma mudança feita no estado de uma partícula se reflete instantaneamente na outra, por mais distantes que estejam uma da outra. Einstein acreditava ser isso impossível, já que as partículas se "comunicam" mais rápido que a velocidade da luz; porém, o fenômeno foi demonstrado inúmeras vezes em experiências.

equipamento imageador por ressonância magnética (IRM) Um aparelho médico, antigamente conhecido como imageador por ressonância magnética nuclear (RMN), que utiliza ímãs poderosos, muitas vezes supercondutores, para manipular o spin quântico dos prótons no núcleo do hidrogênio em moléculas de água, normalmente de coisas vivas. Quando as moléculas revertem o spin, elas se comportam como minúsculos transmissores, cujo resultado é, então, detectado (p. 124).

pontos quânticos Nanopartículas de um semicondutor que se comportam como um átomo artificial. São utilizadas na tecnologia quântica, especialmente na eletrônica e nas células solares, e como bits quânticos em computadores quânticos (p. 130).

realidade local A ideia de que uma partícula quântica pode influenciar outra partícula somente se ela estiver próxima (localidade) e se suas propriedades tiverem valores reais (realidade). O experimento mental EPR de Einstein (p. 98) demonstrou que ou a teoria quântica era imperfeita ou a realidade local não existia para as partículas quânticas.

sobreposição Quando uma partícula quântica tem um estado com, digamos, dois valores possíveis, ela não tem um valor real, e sim uma sobreposição – um conjunto de probabilidades de estar nos estados, até ela ser medida, quando entra em colapso em um valor real. Uma moeda jogada para cima tem dois estados, mas nenhuma sobreposição. Antes de olharmos, a moeda já tem um desses valores. Mas uma partícula quântica não tem nenhum valor, literalmente apenas probabilidades, enquanto em sobreposição.

variáveis ocultas Einstein, entre outros, duvidava da natureza probabilística da teoria quântica. Eles acreditavam que havia uma realidade subjacente que fornecia o verdadeiro valor observado, em vez de ele depender da probabilidade. Os valores ocultos são chamados de variáveis ocultas.

EPR

Em 1935, Albert Einstein juntou-se aos colegas mais jovens Boris Podolsky e Nathan Rosen para escrever um artigo acadêmico que, ele esperava, comprovaria sua antiga crença de que a teoria quântica estava errada. Formalmente intitulado de *Can Quantum-Mechanical Description of Physical Reality Be Considered Complete?* [Pode a descrição quântico-mecânica da realidade física ser considerada completa?], é conhecido mundialmente pelas iniciais de seus autores, "EPR". O artigo imagina uma partícula que se divide em duas, com as novas partículas partindo rapidamente em direções opostas. De acordo com a teoria quântica, algum tempo depois o momento das partículas não tem um valor absoluto, simplesmente uma gama de probabilidades. Meça o momento de uma partícula e ela assume um valor específico. Instantaneamente, por maior que seja a distância entre as partículas, o momento da outra partícula tem de se tornar igual e oposto para satisfazer a conservação do momento. Um efeito semelhante pode ser obtido nas medidas de posição. O artigo EPR conclui que ou a teoria quântica está errada e existem valores ocultos que especificam o momento (e assim por diante) antes da medida ou a localidade – a ideia de que uma coisa não pode influenciar outra à distância sem que algo se passe entre elas – tem de ser descartada. Einstein e seus amigos concluíram: "Não se poderia esperar que nenhuma definição razoável da realidade permitisse isso". Esse, pensou Einstein, era o argumento decisivo. As experiências mostrariam que ele estava enganado.

FLASH

O experimento mental EPR de Einstein, concebido para destruir a teoria quântica, demonstrou, quando posto em prática, que Einstein estava equivocado.

REFLEXÃO

O EPR pode ser um pouco confuso, já que se refere tanto ao momento como à posição da partícula, o que lembra o princípio da incerteza. Mas poderia ter funcionado da mesma maneira com uma única propriedade. Quando Schrödinger observou como o uso de duas propriedades encobria o significado do artigo, Einstein respondeu que o uso de duas propriedades "ist mir Wurst", ou seja, literalmente "é linguiça para mim", alemão coloquial que quer dizer: "não dou a mínima para isso".

TEMAS RELACIONADOS

EQUAÇÃO DE SCHRÖDINGER
p. 42

PRINCÍPIO DA INCERTEZA DE HEISENBERG
p. 48

DESIGUALDADES DE BELL
p. 100

DADOS BIOGRÁFICOS

ALBERT EINSTEIN
1879-1955
Físico nascido na Alemanha que, embora cético, contribuiu para a teoria quântica

BORIS PODOLSKY
1896-1966
Físico americano que talvez tenha sido o formulador do EPR

NATHAN ROSEN
1909-1995
Cientista americano-israelense que trabalhou no EPR e mais tarde concebeu a ideia do buraco de minhoca

Textos por Brian Clegg

A estranha conexão do emaranhamento significa que a observação de um valor em uma partícula influencia instantaneamente a outra.

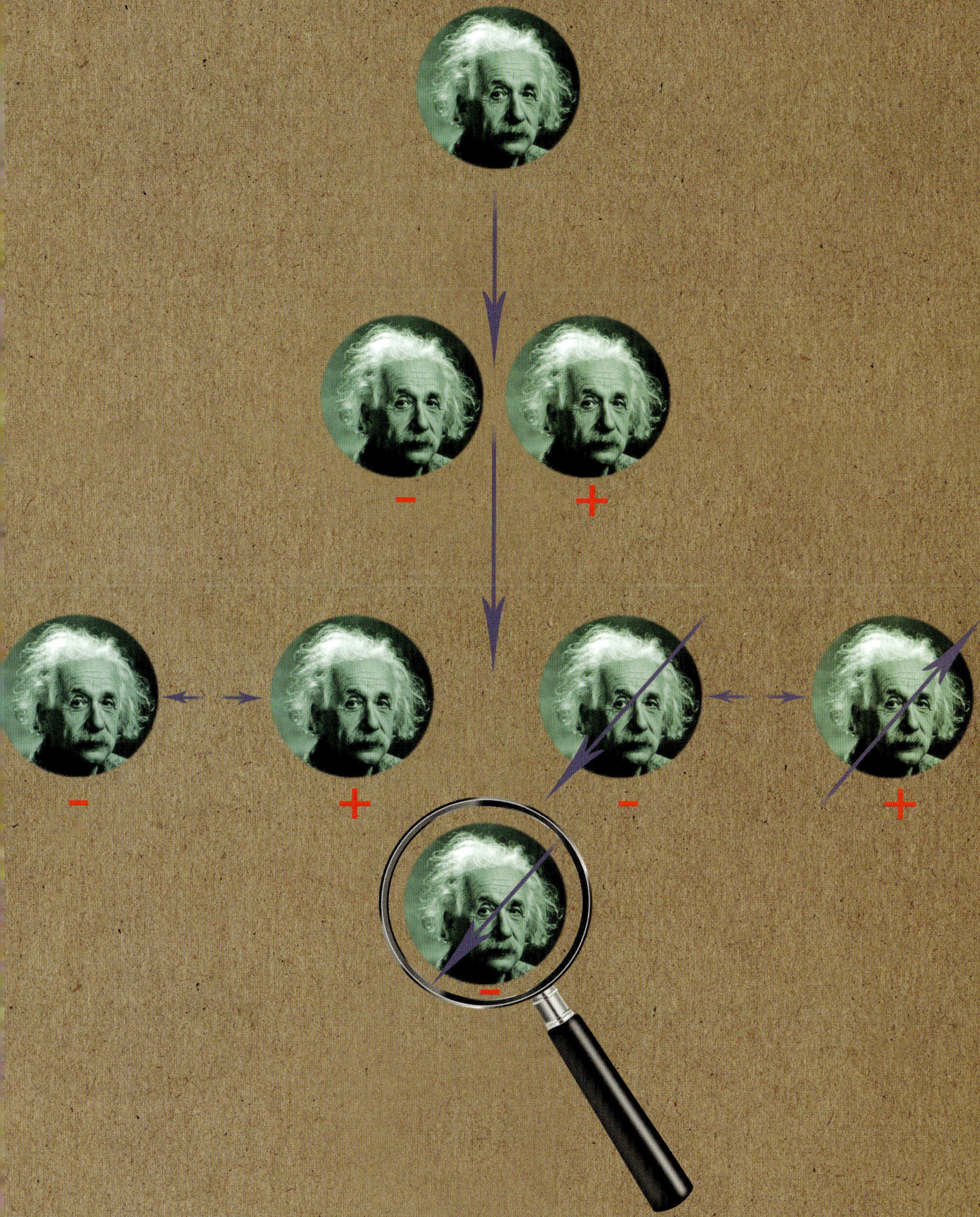

DESIGUALDADES DE BELL

A ideia básica do gato de Schrödinger é a sobreposição de estados quânticos: tanto o núcleo atômico como o gato dentro da caixa estão em dois estados simultaneamente. Se você abrir a caixa, encontrará o gato morto ou vivo, e o núcleo decaído ou intacto. Na linguagem quântica, o gato e o núcleo atômico estão "emaranhados". Normalmente, duas partículas idênticas criadas em um procedimento ficam emaranhadas, e assim permanecem mesmo que se distanciem bastante uma da outra. As duas partículas estão numa sobreposição de estados quânticos, mas se você verificar uma delas, sua medição afetará imediatamente o estado quântico da outra partícula. Einstein e os colegas Podolsky e Rosen argumentaram que se duas partículas permanecem emaranhadas a grande distância, uma influência física entre elas tem de se deslocar mais rápido que a luz, o que contradiz a teoria da relatividade. Em 1964, John Bell produziu uma medição que permitiu aos pesquisadores distinguirem entre uma ligação que acontecia no momento da medição e outra em que havia "variáveis ocultas" que estabeleciam os valores a serem medidos antes de as partículas se separarem. Esse fator distintivo eram as desigualdades de Bell. Em 1984, Alain Aspect realizou essa experiência com fótons, fornecendo prova experimental de seu emaranhamento.

FLASH
Einstein discordava da ideia de Schrödinger do emaranhamento quântico, que ele chamava de "ação misteriosa à distância", mas já não estava vivo para ver as experiências que justificaram Schrödinger.

REFLEXÃO
Duas partículas emaranhadas podem ser consideradas um único objeto físico, mesmo que estejam a anos-luz de distância. O emaranhamento quântico será uma ferramenta poderosa na computação futura e na criptografia de dados. Enquanto os bits dos computadores atuais são conectados por meio de impulsos elétricos, os bits quânticos serão ligados emaranhando-os as partículas subatômicas.

TEMAS RELACIONADOS

GATO DE SCHRÖDINGER
p. 46

INTERPRETAÇÃO DE COPENHAGUE
p. 84

INTERPRETAÇÃO DE BOHM
p. 86

INTERPRETAÇÃO DE MUITOS MUNDOS
p. 92

COMPUTAÇÃO QUÂNTICA
p. 108

DADOS BIOGRÁFICOS
ALAIN ASPECT
1947-
Físico experimental francês que demonstrou o emaranhamento quântico

Textos por Alexander Hellemans

O gato ameaçado do experimento mental de Schrödinger está emaranhado com o núcleo de um átomo em decaimento.

28 de julho de 1928
Nasce em Belfast, Irlanda do Norte, filho de John Bell e Annie, cujo sobrenome de solteira era Brownlee

1948
Forma-se em física experimental na Universidade de Queen, em Belfast

1949
Forma-se em física matemática na Queen e vai trabalhar no Instituto de Pesquisas Atômicas de Harwell, em Oxfordshire

1954
Casa-se com Mary Ross

1956
Termina o doutorado em física na Universidade de Birmingham

1960
O casal Bell se muda para trabalhar no CERN, perto de Genebra

1964
Publica o ensaio revolucionário, "On the Einstein-Podolsky-Rosen Paradox", definindo as desigualdades de Bell

1972
O grupo americano composto por John Clauser, Abner Shumony, Michael Horne e Richard Holt oferece a primeira verificação experimental do teorema de Bell, apoiando a teoria quântica, mas sua abordagem contém uma possível ambiguidade

1982
O físico francês Alain Aspect elimina a ambiguidade, justificando a teoria quântica por meio do teorema de Bell

1987
Eleito membro honorário estrangeiro da Academia Americana de Artes e Ciências

1º de outubro de 1990
Morre em Genebra, Suíça

2008
É criado o Prêmio John Stewart Bell para pesquisas dos fundamentos da mecânica quântica

JOHN BELL

Os irmãos e a irmã de John Bell pararam de estudar aos 14 anos de idade, por isso foi uma surpresa quando o jovem Stewart (a família o chamava pelo nome do meio para diferenciá-lo do pai) anunciou que pretendia ir para a universidade se tornar cientista. Embora fosse algo novo para a família Bell, sua mãe o encorajou, querendo que "o Professor", como às vezes o chamavam, tivesse uma vida "em que pudesse usar o terno de domingo a semana inteira!".

Bell cursou a Escola Técnica de Belfast e a Universidade de Queen, em Belfast. Depois, em vez de continuar no ambiente acadêmico, e preocupado com as questões financeiras, arrumou um emprego no Instituto de Pesquisas Atômicas do Reino Unido em Harwell, Inglaterra. Foi nessa cidade que conheceu sua futura esposa, Mary Ross, uma física escocesa. Os dois conseguiram ser contratados pelo CERN, o Centro Europeu de Pesquisas Nucleares, localizado próximo a Genebra.

Embora a física de partículas representasse seu ganha-pão, um ano sabático em 1963 lhe deu a oportunidade de realmente refletir sobre a teoria quântica, tema que sempre o fascinara. Bell simpatizava um pouco com o ponto de vista de Einstein de que a teoria quântica causava certo desconforto, que deveria haver realidade por trás da aparente aleatoriedade. Ele disse, certa vez, a respeito da física quântica: "Hesitei em pensar que ela podia estar errada, mas eu sabia que era insatisfatória".

O experimento mental EPR de Einstein (p. 98) tinha demonstrado que ou havia um grande furo na teoria quântica ou a realidade local era falsa. A realidade local implicava um mundo que não dependia da probabilidade e que não permitia que partículas distantes se comunicassem instantaneamente de algum modo. Bell produziu seu próprio experimento mental, fornecendo uma medição que diferenciaria as duas possibilidades. Por ser um teórico, ele não sabia como essa medição poderia ser posta em prática, mas estabelecera uma referência por meio do que ficou conhecido como "teorema de Bell"– o qual tornou possível verificar a validade das impressionantes afirmações feitas pela teoria quântica. Se os resultados experimentais ficassem estatisticamente fora de certa variação – conhecida como "desigualdade de Bell" –, então o teorema de Bell estaria certo e a realidade local estaria condenada.

Experiências posteriores aplicaram o teorema de Bell e demonstraram que Einstein e, no fundo, também Bell estavam enganados. A teoria quântica parecia, de fato, estar correta e violar a realidade local. A morte prematura e inesperada de Bell aos 62 anos de idade pôs fim à carreira de um cientista meticuloso e inspirado.

Brian Clegg

CRIPTOGRAFIA QUÂNTICA

Desde a invenção da comunicação escrita, temos tentado manter secretas algumas mensagens. Inúmeros códigos e cifras são fáceis de decifrar, mas existe um método inteiramente seguro: a chave de uso único. Nesse caso, um valor aleatório é acrescentado a cada caractere a ser criptografado. O resultado é um texto realmente aleatório – mas que pode ser decodificado com a chave. Elas são raramente usadas, porque é muito fácil descobrir a chave por meio da espionagem convencional. Mas a mecânica quântica supera esse problema. A criptografia quântica começou com Charles Bennett e Gilles Brassard, que usaram a polarização de fótons individuais como chave. Isso ofereceu, de fato, uma chave de uso único, mas apresentava problemas técnicos que podiam deixá-la sujeita à interceptação. O emaranhamento quântico, contudo, oferece uma chave de uso único que não existe antes do envio da mensagem. Normalmente a aleatoriedade do valor transmitido de modo instantâneo pelo emaranhamento quântico é uma desvantagem. Mas se o valor aleatório é usado como chave, ele estará disponível para decodificar a mensagem assim que ela for criptografada. Além do mais, é possível testar se as partículas ainda estão emaranhadas – assim o sistema detecta qualquer interceptação da chave quântica.

FLASH
As partículas quânticas, e particularmente as partículas emaranhadas, são excelentes transmissoras de dados secretos, oferecendo sua própria chave aleatória de uso único.

REFLEXÃO
Em 2004, Anton Zeilinger, um dos principais físicos experimentais a trabalhar com emaranhamento quântico, demonstrou a utilização de uma chave de uso único de uma maneira que superou qualquer experiência de laboratório devido a seu efeito dramático. Ele instalou uma conexão de 500 metros através do esgoto, entre a prefeitura e o Banco da Áustria, em Viena, e (com autorização) usou uma mensagem criptografada com emaranhamento para transferir 3 mil euros dos fundos do prefeito de Viena para a conta da universidade.

TEMAS RELACIONADOS
SPIN QUÂNTICO
p. 38

EPR
p. 98

DESIGUALDADES DE BELL
p. 100

DADOS BIOGRÁFICOS

CHARLES H. BENNETT
1943-
Físico americano e teórico da informação que trabalhou a maior parte do tempo na IBM

ANTON ZEILINGER
1945-
Físico quântico austríaco especializado em emaranhamento e com certa inclinação a experimentos dramáticos

GILLES BRASSARD
1955-
Cientista da computação e criptoanalista franco-canadense

Textos por Brian Clegg

A criptografia quântica foi usada para proteger uma transferência eletrônica de dinheiro em Viena em 2004.

BITS QUÂNTICOS

Os elétrons têm uma propriedade quântica chamada "spin". Eles podem girar no sentido horário ou anti-horário, e é o spin do elétron que é responsável pelas propriedades magnéticas de certos materiais. Ao atingir os elétrons com uma pulsação de laser, é possível levá-los a um estado de sobreposição – isto é, eles assumem os dois estados quânticos ao mesmo tempo: em vez de ter uma direção específica de spin, apresentam apenas probabilidades de girar em cada direção simultaneamente. Podemos atribuir valores de 0 e 1 às duas direções do spin, correspondendo ao cenário 0 ou 1 de um bit convencional de computador; porém, a sobreposição e as probabilidades relacionadas significam que um bit quântico contém mais informação. Esse sistema é chamado de bit quântico ou qubit. Os fótons, que podem ser polarizados tanto horizontalmente como verticalmente, e os núcleos atômicos, ao assumir dois estados de spin nucleares simultaneamente, são outros exemplos de bits quânticos. O estado de sobreposição é muito delicado: a mínima perturbação, como a tentativa de detectar o estado quântico da partícula subatômica, faz com que regrida a um estado de não sobreposição, fenômeno conhecido como decoerência. O emaranhamento quântico é importante no uso de bits quânticos para conectar dados sem provocar decoerência.

FLASH

Os bits quânticos se comportam como bits. Podem estar ligados ou desligados, mas de fato podem estar ligados e desligados ao mesmo tempo.

REFLEXÃO

Os bits quânticos estarão no núcleo dos futuros computadores quânticos. Qualquer partícula ou sistema capaz de assumir dois ou mais estados quânticos pode funcionar como um bit quântico. Os pesquisadores criam bits quânticos por meio de diversos recursos experimentais. Eles podem, por exemplo, aprisionar elétrons em pontos quânticos e manipular seus spins com feixes de laser. O spin dos núcleos atômicos pode ser manipulado com ondas de rádio, como nos aparelhos de ressonância magnética (RM). Serge Haroche foi o pioneiro no armazenamento de dados quânticos por meio de fótons capturados em cavidades de micro-ondas.

TEMAS RELACIONADOS

GATO DE SCHRÖDINGER
p. 46

DECOERÊNCIA
p. 52

COMPUTAÇÃO QUÂNTICA
p. 108

APARELHO DE RESSONÂNCIA MAGNÉTICA (RM)
p. 124

PONTOS QUÂNTICOS
p. 130

DADOS BIOGRÁFICOS

SERGE HAROCHE
1944-
Físico francês que dividiu (com David J. Wineland) o Prêmio Nobel de Física de 2012 pelos métodos experimentais em física quântica

Textos por Alexander Hellemans

A medição do spin sempre produzirá "para cima" ou "para baixo", dependendo do estado probabilístico subjacente do bit quântico.

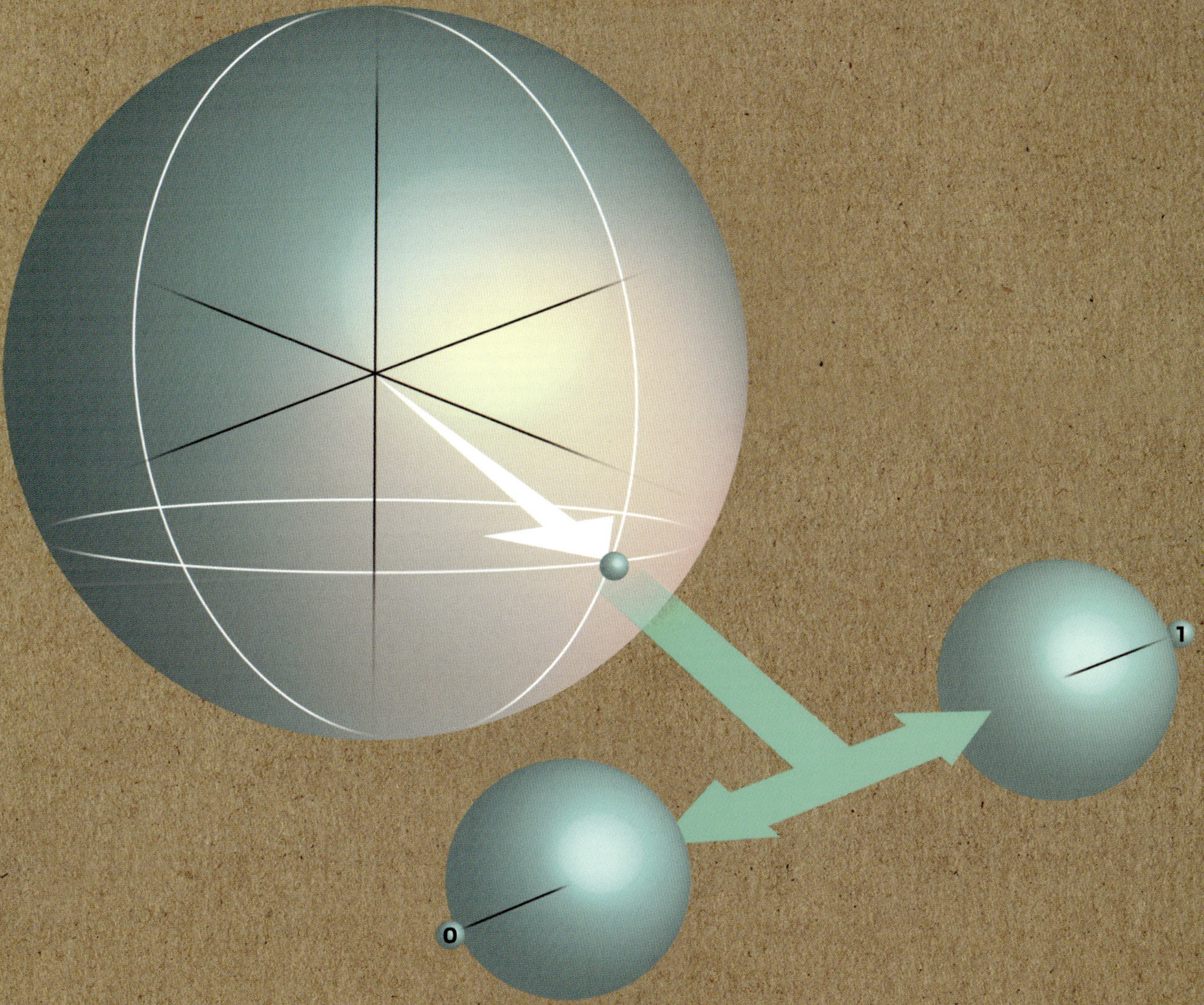
1
0

COMPUTAÇÃO QUÂNTICA

O computador contém hoje milhões de minúsculos transístores que utilizam cargas elétricas para estocar dados na forma de bits. A presença de uma carga corresponde a 1, e sua ausência, a 0 – essa informação é chamada de dígito binário, ou "bit". Os computadores processam números representando-os com séries de bits que podem ser ligados ou desligados individualmente. Por exemplo, com quatro bits é possível representar os números de 0 a 7 como 0000, 0001, 0011, 0111, 1111, 1110, 1100 e 1000. Um computador convencional processa esses dados um de cada vez. Contudo, quatro bits quânticos, com cada um deles sendo uma sobreposição de 0 e 1, representarão esses oito números simultaneamente, permitindo que sejam processados em paralelo. A enorme capacidade dos computadores quânticos fica mais evidente quando o número de bits quânticos aumenta. Dez bits quânticos permitem processar 1.023 números de modo simultâneo. A enorme capacidade de processamento que se espera que os computadores quânticos alcancem é impressionante: 20 bits quânticos processam 1 milhão de cálculos ao mesmo tempo; com 40 bits quânticos, o número de cálculos simultâneos aumenta para 1 trilhão. Embora a criação de bits quânticos que permaneçam emaranhados vá exigir o desenvolvimento de novas tecnologias, os pesquisadores estão otimistas de que o uso de um número maior de bits quânticos permitirá alcançar uma capacidade de processamento enorme.

FLASH
Os bits quânticos vão desempenhar papel importantíssimo nos computadores quânticos, porque permitirão processamento paralelo em escala maciça.

REFLEXÃO
Richard Feynman sugeriu que computadores mecânicos quânticos minúsculos conseguiriam simular sistemas quânticos. Além de moldar processos físicos, os computadores quânticos vão quebrar todos os recordes em matemática. Por exemplo, serão capazes de fatorar números de 400 dígitos em segundos, permitindo decifrar as chaves de criptografia utilizadas no sistema bancário.

TEMAS RELACIONADOS
SPIN QUÂNTICO
p. 38

DECOERÊNCIA
p. 52

DESIGUALDADES DE BELL
p. 100

BITS QUÂNTICOS
p. 106

PONTOS QUÂNTICOS
p. 130

DADOS BIOGRÁFICOS
RICHARD FEYNMAN
1918-1988
Físico americano que sugeriu que os computadores iriam obedecer às leis da mecânica quântica

Textos por Alexander Hellemans

Em um computador quântico, os bits quânticos – ou qubits – substituem o bit tradicional para permitir processamentos em paralelo.

TELETRANSPORTE QUÂNTICO

Numa noite escura e sem luar de 2012, cientistas estabeleceram o atual recorde de distância para teletransporte quântico, 144 km, utilizando um laser para projetar fótons entre diferentes ilhas das Canárias. Esses fótons estavam intimamente conectados um ao outro por meio da propriedade quântica do emaranhamento, de modo que uma ação realizada num fóton da dupla afetava imediatamente seu parceiro emaranhado, apesar da distância. A equipe liderada por Anton Zeilinger, da Universidade de Viena, enviou pelo ar um fóton de um par de fótons emaranhados para um detector na ilha ao lado. Eles então usaram esse par como uma linha de comunicação quântica para enviar informações sobre outro objeto quântico, reconstruindo-o no outro extremo da linha. O teletransporte quântico se parece muito com ficção científica; por isso, quando o cientista de computação Charles Bennett, da IBM de Nova York, e seus colegas o propuseram pela primeira vez em 1993, ele atraiu imediatamente a atenção. Atualmente integra uma área de pesquisa séria, com aplicações em tecnologias quânticas para cálculo e telecomunicações. Foi comprovado em diversos sistemas, incluindo entre nuvens de átomos de césio e dentro de circuitos elétricos. Os cientistas agora se voltam para o espaço: o teletransporte para satélites em órbita pode ser essencial para uma rede de comunicação quântica global.

FLASH

No teletransporte quântico, toda informação sobre um objeto quântico é escaneada e recriada em um novo lugar usando partículas emaranhadas, que constituem as extremidades de uma linha de comunicação quântica.

REFLEXÃO

O teletransporte quântico não permite a comunicação mais rápida que a luz, porque para reconstruir o objeto quântico no final da linha é preciso instruções do remetente, que são enviadas por uma linha de comunicação clássica. Mas, na verdade, ele contorna a lei da não clonagem, que impede que se faça uma cópia perfeita de um objeto quântico. Em vez disso, o teletransporte funciona movendo-se para o lugar em que a informação quântica está localizada, destruindo, no processo, o original.

TEMAS RELACIONADOS

TEORIA QUÂNTICA DE CAMPOS
p. 64

DE VOLTA NO TEMPO
p. 72

TRANSÍSTOR
p. 120

DADOS BIOGRÁFICOS

CHARLES H. BENNETT
1943-
Membro do Centro de Pesquisa da IBM cujo trabalho está concentrado na relação entre física e informação

ANTON ZEILINGER
1945-
Físico quântico austríaco e chefe da equipe pioneira em experiências de teletransporte quântico a longa distância

Textos por Sophie Hebden

O teletransporte quântico entre as ilhas Canárias foi um precursor das ligações por satélite.

EFEITO ZENÃO QUÂNTICO

O antigo filósofo grego Zenão formulou alguns paradoxos que parecem demonstrar que o movimento é impossível. Em termos de física clássica, esses paradoxos são facilmente descartados como falácias. Mas em 1977 George Sudarshan e um colega da Universidade do Texas traçaram um paralelo entre a observação de que uma flecha em voo não parece estar se movendo (se tomarmos um único momento no tempo) e um fenômeno quântico pouco conhecido hoje denominado de efeito Zenão quântico. Como os exemplos do mundo real tendem a ser complicados, é mais fácil ilustrar o efeito Zenão quântico com um experimento mental. Em geral se diz que a probabilidade de um átomo radiativo decair em determinado intervalo de tempo é constante, mas isso não é rigorosamente verdadeiro. Imediatamente após o átomo ser observado em um estado não decaído, sua taxa de decaimento é zero – embora este aumente rapidamente para seu valor "constante". Mas se outra observação for feita antes que isso tenha tido a possibilidade de acontecer, a taxa de decaimento é pressionada de volta para zero e assim por diante, desde que se repitam as observações. Pode não ser verdade que uma chaleira observada nunca ferve – mas um átomo repetidamente observado nunca decai!

FLASH
Se um sistema quântico é observado com suficiente frequência, ele nunca muda de estado – mesmo se o sistema for instável.

REFLEXÃO
Desde que o efeito Zenão quântico foi descoberto, os físicos têm tentado criar aplicações práticas em torno dele. Mas é possível que a natureza tenha chegado antes. De acordo com uma teoria, as aves migratórias conseguem detectar o campo magnético da Terra usando pares de elétrons emaranhados localizados em seus olhos. Entretanto, o que não está claro é como as aves mantêm o estado emaranhado necessário por um período suficientemente longo para o mecanismo funcionar. A resposta pode ser que eles exploram o efeito Zenão quântico.

TEMAS RELACIONADOS
COLAPSO DAS FUNÇÕES DE ONDA
p. 50

COLAPSO DA CONSCIÊNCIA
p. 90

COMPUTAÇÃO QUÂNTICA
p. 108

BIOLOGIA QUÂNTICA
p. 150

DADOS BIOGRÁFICOS
ZENÃO DE ELEIA
viveu no século V a.C.
Filósofo grego, sugeriu que a observação precisa podia imobilizar uma flecha em voo

E. C. GEORGE SUDARSHAN
1931-
Físico indiano e prolífico pesquisador em óptica quântica e física básica

Textos por Andrew May

A flecha de Zenão não parece estar se movendo quando observada, e uma partícula quântica não decai quando observada.

APLICAÇÕES QUÂNTICAS

APLICAÇÕES QUÂNTICAS
GLOSSÁRIO

banda de condução A variação de energias de um elétron em um átomo, em um material que permite que o elétron se desloque livremente através do material.

banda de valência A faixa de elétrons em um átomo ainda ligados a ele e que é responsável por várias das propriedades químicas do átomo.

câmera CCD Uma câmera baseada num dispositivo de carga acoplado, composta por um conjunto de pixels, cada um dos quais acumulando uma carga elétrica quando atingido por fótons.

circuito integrado Um "chip" – uma lâmina fina de semicondutor, normalmente silicone, com um circuito eletrônico gravado.

dopagem eletrônica Acréscimo de uma impureza a um semicondutor para alterar suas propriedades elétricas. Com isso fica muito mais fácil para o elétron alcançar a banda de condução ou ser aceito na banda de valência.

emissão estimulada O mecanismo por trás de um laser. Um átomo é impelido a um estado de excitação por um jato de luz ou por uma corrente elétrica. Ao ser atingido por um fóton, ele emite um segundo fóton com a mesma frequência. Isso é diferente da emissão espontânea, que não envolve um fóton vindo de fora.

fotônica Métodos de controle, mudança e amplificação da luz. São os equivalentes ópticos da eletrônica.

índice refrativo Uma medida do grau em que uma substância muda a direção da luz quando esta passa entre essa substância e outro material. Está relacionada à velocidade da luz no material.

junções Josephson Um par de semicondutores separados por uma fina camada. Se uma voltagem é aplicada na junção, ela provoca uma oscilação de alta frequência, produzindo uma medição extremamente precisa da voltagem (p. 126).

laser de diodo Um laser que produz luz por meio da emissão estimulada de um semicondutor; é utilizado nas telecomunicações, nos tocadores de CD e DVD, nos apontadores a laser e nas impressoras.

laser de semicondutor ver laser de diodo.

lei de Moore Uma observação feita em 1965 pelo fundador da Intel, Gordon Moore, de que a capacidade dos aparelhos eletrônicos quase dobra anualmente. Modificada para dobrar a cada dezoito meses ou dois anos, ela se mostrou extraordinariamente precisa, embora agora pareça que o ritmo está diminuindo.

lente de colimador Uma lente que recolhe raios de luz para deixá-los alinhados.

metamaterial Um material especialmente elaborado que possui propriedades eletromagnéticas incomuns. Muito metamateriais têm um índice de refração negativo, o que lhes dá a capacidade de produzir lentes surpreendentemente poderosas ou ocultar um objeto curvando a luz em torno dele (processo conhecido como "camuflagem").

nanopartículas Minúsculos pedaços de matéria com comprimento de 1-100 nanômetros. Objetos nessa escala possuem características físicas bastante diferentes daquelas com partículas maiores.

pares de Cooper Um par de férmions (normalmente elétrons) que se comportam como uma única partícula, unidos pela interação com as vibrações no material através do qual passam. São responsáveis pela supercondutividade em baixas temperaturas.

princípio de exclusão de Pauli A observação de que dois férmions do mesmo tipo (elétrons, por exemplo) não podem estar no mesmo estado quântico ao mesmo tempo. Por exemplo, elétrons no mesmo átomo não podem ter o mesmo número quântico (p. 58).

ressonância A tendência de um sistema de vibrar com mais força em frequências específicas. Pode ser aplicada a um objeto como um sino, ou a uma cavidade, como um órgão de fole ou uma cavidade laser.

retículos fotônicos Um material na forma de um retículo regular que atua sobre a luz como os semicondutores atuam sobre os elétrons. São usados para produzir lentes de alta qualidade e estão presentes na natureza, originando as espirais da opala e a iridescência da cauda do pavão.

SQUIDs Aparelhos Supercondutores de Interferência Quântica que usam junções de Josephson para detectar pequenas alterações na voltagem gerada por uma mudança de campo magnético. São usados para fabricar os magnetômetros sensíveis empregados em aplicações que vão dos aparelhos imageadores por ressonância magnética (IRM) aos detectores de bombas não explodidas.

supercondutividade A capacidade que materiais extremamente frios têm de conduzir eletricidade sem resistência e de expelir um campo eletromagnético (p. 140).

LASER

Usamos lasers diariamente: eles escaneiam os códigos de barra no caixa do supermercado e são um componente essencial dos tocadores de CD e DVD. Pode ser surpreendente saber que essas máquinas de uso diário são quânticas, já que elas dependem unicamente dos níveis de energia dos átomos que as compõem. Os elétrons de um átomo podem ser "estimulados" para valores diferentes e precisos por meio da absorção de energia do calor ou da luz. Porém, como não pode ficar "estimulado" o tempo todo, o átomo acaba liberando essa energia na forma de fóton de luz, com uma frequência precisa, e volta para seu estado fundamental de energia. O que acontece se um átomo que já está estimulado encontra um fóton? Em vez de absorvê-lo e de liberá-lo num momento aleatório em uma direção aleatória como antes, uma espécie de efeito de ressonância o impele a emitir um segundo fóton. Esse fóton tem exatamente a mesma direção de frequência e está em coerência – passo perfeito – com o fóton incidente. Em um laser, um conjunto de átomos é levado a um estado de excitação por meio de uma descarga de alta voltagem neles aplicada; então, os átomos em estado de excitação excedem aqueles em estado fundamental. A reflexão dos fótons emitidos entre espelhos numa cavidade estimula mais as emissões, gerando um poderoso feixe de laser.

FLASH

O laser é uma fonte de luz que funciona por meio da emissão estimulada ou cooperada de muitos átomos para produzir um feixe extremamente organizado – com todas as frentes de onda combinando –, monocromático e fortemente direcional.

REFLEXÃO

O laser empunhado pelo personagem Dr. Evil, da série de filmes de Austin Powers, provavelmente utiliza gás dióxido de carbono como material, porque, como ele emite no infravermelho, fritaria tudo que focalizasse. Os lasers existentes, em sua maioria, são semicondutores muito menos poderosos ou lasers de diodo, que são usados nos aparelhos eletrônicos e nas comunicações. Eles normalmente emitem luz vermelha e podem fazer parte de conjuntos maiores.

TEMAS RELACIONADOS

OS QUANTA DE PLANCK
p. 18

O PREVISÍVEL ESPECTRO DE BALMER
p. 22

ÁTOMO DE BOHR
p. 24

DADOS BIOGRÁFICOS

GORDON GOULD
1920-2005
Físico americano que cunhou o acrônimo LASER – que significa Light Amplification by Stimulated Emission of Radiation [Amplificação da luz por meio da emissão estimulada de radiação]

THEODORE MAIMAN
1927-2007
Físico americano que pode ter inventado o primeiro laser óptico bem-sucedido (alguns atribuem a invenção a Gould)

Textos por Sophie Hebden

Os lasers usam cavidades refletoras repetidamente para estimular os átomos, a fim de produzir fótons coerentes.

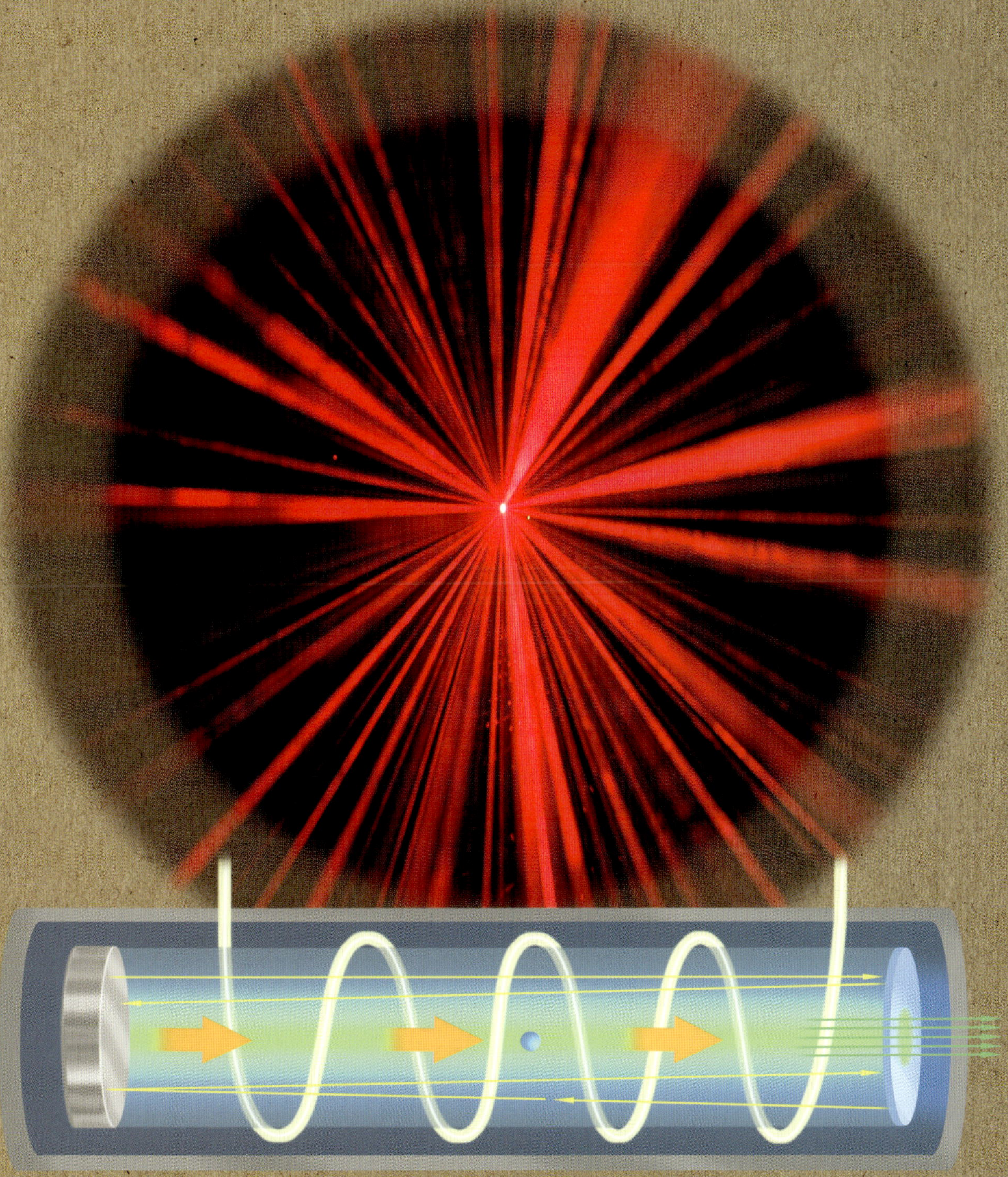

TRANSÍSTOR

FLASH

Os transístores, que tornam a eletrônica e os computadores possíveis, exploram a quantização dos estados de energia do elétron em materiais semicondutores.

REFLEXÃO

Nos anos 1960, os primeiros transístores, feitos de germânio, custavam vários dólares cada e mediam cerca de 12 mm de largura. Hoje, a miniaturização dos transístores feitos de silício chegou ao ponto em que cerca de 2 bilhões deles podem ser alojados em um único chip microprocessador de silicone, ao custo de aproximadamente 0,0001 centavo a peça. Essa redução do custo é um dos aspectos da lei de Moore, expressa mais comumente em termos do número de transístores em um chip de circuito integrado – que dobra a cada dezoito meses, aproximadamente.

As peculiaridades da teoria quântica, como a incerteza, as sobreposições e a supercondutividade, costumam ser encontradas apenas em condições específicas de baixa temperatura. No entanto, as consequências da quantização discreta dos estados de energia são vistas o tempo todo, por exemplo, nos vínculos entre os átomos e as cores dos objetos. Uma das aplicações tecnológicas mais importantes dessa quantização acontece no transístor, o dispositivo eletrônico feito a partir de um semicondutor que está no centro da computação digital e da TI. Um material semicondutor contém elétrons numa banda de estados de energia quântica, um pouco como um reservatório completamente cheio de água, separado por um intervalo de energia de outra banda vazia de elétrons. Se os elétrons conseguem ganhar energia suficiente para alcançar a banda vazia, eles podem se mover e transportar uma corrente elétrica. Uma pequena quantidade de elétrons apenas consegue acumular energia suficiente do calor ambiente para fazer isso em condições operacionais normais de um transístor, o que significa que o fluxo de corrente pode ser controlado precisamente por dopagem – acrescentando elétrons ao reservatório ou removendo-os por meio da dispersão de outros tipos de átomo dentro do material – ou pela aplicação de campos elétricos. Desse modo, a corrente que passa pelo transístor pode ser controlada e direcionada eletricamente, para que possa atuar como um interruptor ou um amplificador na eletrônica digital.

TEMAS RELACIONADOS

LASER
p. 118

PONTOS QUÂNTICOS
p. 130

DADOS BIOGRÁFICOS

WALTER BRATTAIN, JOHN BARDEEN, WILLIAM SHOCKLEY
1902-1987, 1908-1991 e 1910-1989
Físicos americanos e membros da equipe que inventou o transístor nos laboratórios da Bell Telephone em 1947, pelo que eles dividiram o Prêmio Nobel de Física de 1956

Textos por Philip Ball

O uso de transístores transformou a eletrônica – desde os componentes individuais até os circuitos integrados.

MICROSCÓPIO ELETRÔNICO

O microscópio eletrônico funciona de maneira semelhante ao microscópio óptico. Neste, uma lente de colimador concentra a luz em uma lâmina de vidro que contém bactérias, por exemplo. A luz é então coletada por uma lente objetiva que aumenta a imagem e a concentra numa câmera de lente ocular ou CCD. Em princípio, o microscópio eletrônico funciona de maneira semelhante. Porém, em vez de lentes de vidros, são ímãs que defletem os elétrons. Um cátodo quente produz os elétrons, que são então acelerados por um campo elétrico, exatamente como em um tubo de raios catódicos. Um colimador magnético concentra os elétrons na amostra, e os elétrons que passam através dela são concentrados por outro conjunto de lentes magnéticas em uma tela fluorescente, onde os elétrons formam uma imagem visível. A resolução de um microscópio óptico é limitada pelo comprimento de onda médio da luz, e sua ampliação é limitada a cerca de 2 mil vezes; tudo que é menor que esse comprimento de onda de luz, como os vírus, permanece invisível. Os elétrons, no entanto, se comportam como partículas, mas também como ondas. Seu comprimento de onda é muito menor que o da luz; portanto, os microscópios eletrônicos podem ampliar até 10 milhões de vezes e "ver" objetos muito menores, como os vírus – e até mesmo átomos.

FLASH
Como os elétrons têm um comprimento de onda muito mais curto que os fótons, sua capacidade de ampliação é muito maior que a de seus equivalentes ópticos.

REFLEXÃO
O microscópio eletrônico demonstra a natureza dual dos elétrons. Quando os elétrons passam através das lentes magnéticas, sua trajetória se torna curva e eles se comportam como partículas. Depois de passar através da amostra, os elétrons são difratados e encurvados ao redor dos obstáculos, comportando-se como uma onda: eles se curvam para uma extensão muito menor, resultando em imagens bem mais nítidas. Isso explica a importância do microscópio eletrônico para a ciência: os biólogos, por exemplo, conseguem ver componentes de células que seriam invisíveis com os microscópios eletrônicos; a nanotecnologia seria impossível sem ele.

TEMA RELACIONADO
A DUALIDADE ONDA-PARTÍCULA
p. 28

DADOS BIOGRÁFICOS
MAX KNOLL e ERNST RUSKA
1897-1969 e 1906-1988
Engenheiro elétrico e físico alemão que foi o precursor do mecanismo que ajudou a construir o microscópio eletrônico em 1931

Textos por Alexander Hellemans

O campo magnético de um microscópio eletrônico focaliza elétrons, assim como uma lente faz com a luz visível.

APARELHO IMAGEADOR POR RESSONÂNCIA MAGNÉTICA (IRM)

Na década de 1970, pesquisadores como o físico americano Raymond Damadian, o químico americano Paul Lauterbur e o físico britânico Peter Mansfield, entre outros, inventaram a imagem por ressonância magnética (RM). Ela oferece uma forma de observar os tecidos macios dentro do corpo que pode ajudar a diagnosticar doenças e lesões que vão do rompimento de ligamentos ao câncer, sem precisar recorrer à cirurgia. Dentro do aparelho, o paciente é rodeado por um campo magnético em geral de 30 mil a 60 mil vezes maior que o campo magnético da Terra, produzido por um poderoso ímã – normalmente um eletroímã supercondutor. O corpo humano possui 65% de água, e cada átomo de hidrogênio dessa água contém um próton que gira como um pião, fazendo com que cada próton se comporte como um pequeno ímã. O campo magnético abrangente do aparelho leva os prótons a girar de uma forma específica. Então, ondas de rádio direcionadas para dentro do corpo do paciente alteram o modo como os prótons giram, mudando, assim, sua magnetização. O desligamento dessas ondas de rádio faz com que os prótons "relaxem" e retomem o modo como estavam girando antes, e o sinais que eles emitem ao relaxar são registrados eletronicamente. O tempo que um próton leva para relaxar depende do tipo de tecido que o rodeia. Softwares de computador transformam, então, essa informação e outros sinais detectados em imagens que revelam os diferentes tecidos.

FLASH
As imagens detalhadas de nossos órgãos e tecidos internos reveladas pelos aparelhos imageadores por RM revolucionaram o tratamento de inúmeras doenças e lesões.

REFLEXÃO
Uma variante da RM, conhecida como ressonância magnética funcional, ou fMRI, mostra quais áreas do cérebro são ativadas quando movimentamos uma parte do corpo ou reagimos a uma imagem. A fMRI é utilizada às vezes para ajudar a planejar uma cirurgia do cérebro; assim, os cirurgiões podem evitar danificar áreas essenciais ao remover tumores cancerosos ou regiões infectadas. A fMRI também está aumentando o conhecimento sobre a doença de Alzheimer e a esclerose múltipla, e pode mostrar como os medicamentos afetam o cérebro.

TEMAS RELACIONADOS
SPIN QUÂNTICO
p. 38

SUPERCONDUTORES
p. 140

DADOS BIOGRÁFICOS
HEIKE KAMERLINGH ONNES
1853-1926
Holandês que descobriu a supercondutividade em 1911

PAUL LAUTERBUR e PETER MANSFIELD
1929-2007 e 1933-2017
Cientistas americano e britânico que dividiram o Prêmio Nobel de Fisiologia ou Medicina por seu trabalho que levou à invenção da RM

Textos por Sharon Ann Holgate

Os aparelhos de RM criam uma série de imagens transversais a partir da radiação eletromagnética emitida quando ondas de rádio e poderosos campos magnéticos alteram o spin dos prótons.

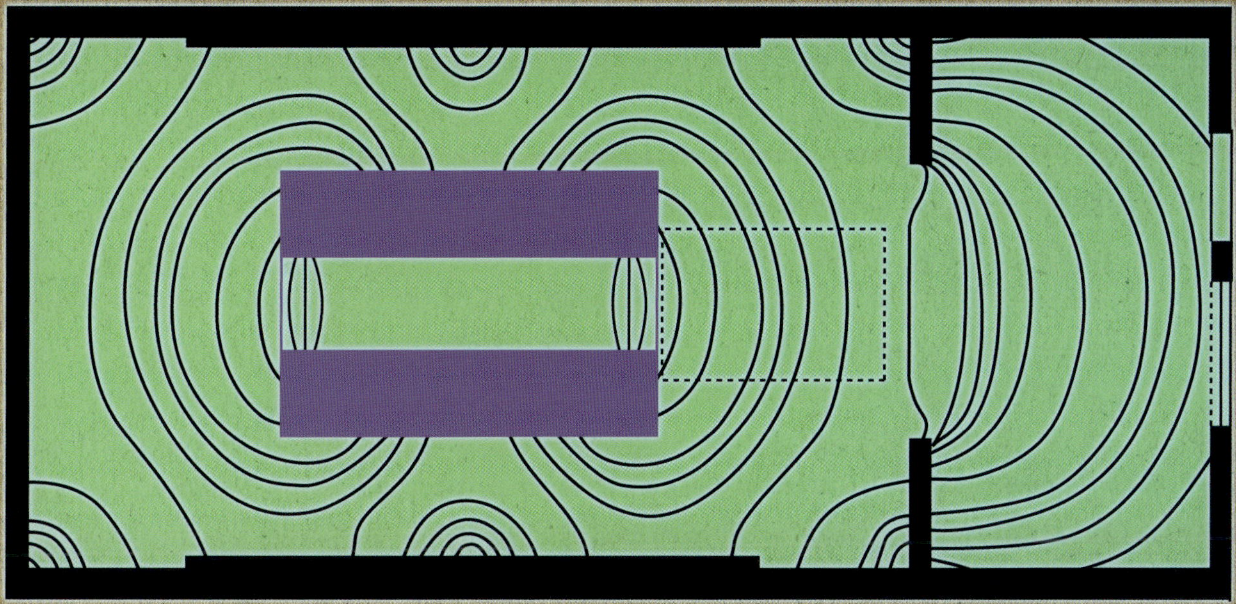

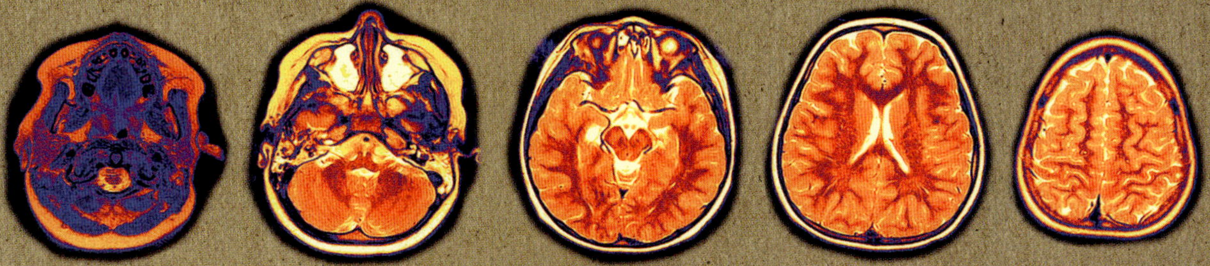

JUNÇÕES JOSEPHSON

Em 1962, Brian Josephson previu que os pares de Cooper – pares de elétrons ligados que se deslocam sem resistência através dos supercondutores – também deveriam tunelar através de uma barreira não supercondutora ou isolante entre dois supercondutores. Os elétrons podem saltar por cima de um intervalo minúsculo ou uma camada isolante entre dois condutores, um efeito conhecido como tunelamento quântico. No entanto, diferentemente dos elétrons que tunelam de um condutor para outro em temperatura ambiente, os pares de Cooper não precisam de um campo elétrico que os induza a atravessar a barreira. Todos os pares de Cooper em um supercondutor partilham a mesma função de onda, e a diferença na fase da função de onda em cada lado da barreira isolante faz com que os pares de Cooper tunelem espontaneamente através da barreira. No entanto, se uma voltagem é aplicada na junção, a corrente Josephson é substituída por uma corrente oscilante de altíssima frequência. A frequência só depende da voltagem aplicada. Como as frequências podem ser medidas com mais precisão que as voltagens, as junções Josephson são usadas como voltímetros extremamente precisos. Se uma junção Josephson integra um circuito fechado, a voltagem em cima da junção se altera mesmo com campos magnéticos extremamente fracos. Conhecidos como aparelhos supercondutores de interferência quântica (SQUIDs), eles conseguem medir os campos magnéticos criados pelo cérebro humano.

FLASH
O surgimento inesperado de uma corrente supercondutora quando dois supercondutores estão separados por um intervalo minúsculo promete uma grande quantidade de aplicações.

REFLEXÃO
Como as junções Josephson podem funcionar como portas lógicas extremamente rápidas, pesquisadores estão analisando sua aplicação em computadores super-rápidos. Uma propriedade quântica interessante das junções Josephson é que em um circuito supercondutor elas podem provocar a sobreposição de duas correntes Josephson em direções opostas simultaneamente. Pesquisadores estão analisando atualmente como conectar circuitos supercondutores minúsculos para armazenar dados quânticos ou para fazer um computador quântico.

TEMAS RELACIONADOS

TUNELAMENTO QUÂNTICO
p. 80

BITS QUÂNTICOS
p. 106

COMPUTAÇÃO QUÂNTICA
p. 108

SUPERCONDUTORES
p. 140

DADOS BIOGRÁFICOS
LEO ESAKI e IVAR GIAEVER
1925- e 1929-
Físicos japonês e norueguês que, com Brian Josephson, dividiram o Prêmio Nobel de Física de 1973 por seu trabalho em tunelamento eletrônico

Textos por Alexander Hellemans

Um aparelho supercondutor de interferência quântica (SQUID) consegue detectar pequenas variações nos campos magnéticos, incluindo aquelas produzidas pelo cérebro.

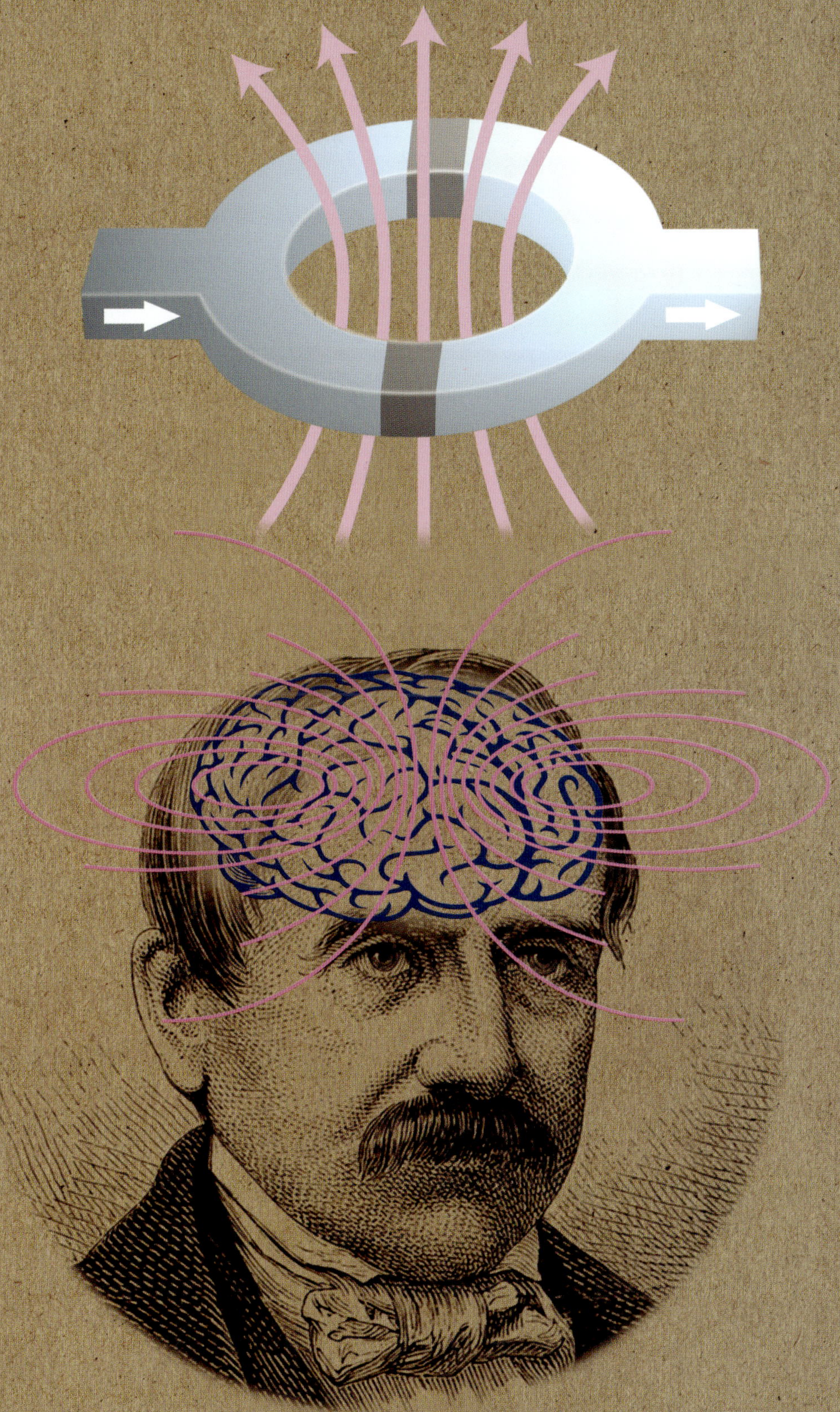

4 de janeiro de 1940
Nasce em Cardiff, País de Gales

1960
Recebe o grau de bacharel em ciências naturais pela Universidade de Cambridge

1962
Seu artigo sobre o que se tornaria conhecido como "o efeito Josephson" é publicado no periódico *Physics Letters*

1964
Recebe o título de doutor por Cambridge

1964
O SQUID (aparelho supercondutor de interferência quântica), um magnetômetro extremamente sensível que utiliza junções Josephson, é inventado

1965
Inicia um estágio curto como professor assistente de pesquisa na Universidade de Illinois

1967
Retorna a Cambridge como diretor assistente de pesquisa

1972
Torna-se lente (professor assistente) de física em Cambridge

1973
Divide o Prêmio Nobel de Física com Leo Esaki e Ivar Giaever

1974
Torna-se professor de física em Cambridge

1983
Dirige-se a um comitê do Congresso americano sobre o tema "estados mais elevados de consciência"

1988
Implanta o Projeto de Unificação Mente-Matéria em Cambridge

2007
Aposenta-se do magistério em Cambridge, mas continua pesquisando ativamente

BRIAN JOSEPHSON

Como muitos físicos importantes, Brian Josephson demonstrou um domínio intuitivo do assunto desde a mais tenra idade. Como aluno de graduação em Cambridge, não parava de impressionar os professores com a profundidade de seu conhecimento e, quando obteve o primeiro diploma – com a idade extraordinariamente precoce de 20 anos –, já tinha publicado seus primeiros artigos de pesquisa. Tendo decidido permanecer em Cambridge, fez um doutorado na área de física que mais o intrigava: um fenômeno chamado supercondutividade, que ocorre em temperaturas extremamente baixas. Ele ainda estava cursando o doutorado quando escreveu o artigo pelo qual é mais conhecido: "Possible New Effects in Superconductive Tunnelling" [Possíveis novos efeitos em tunelamento supercondutor]. Sabia-se que a teoria quântica permite que partículas "tunelem" através de barreiras impenetráveis em outras circunstâncias, mas Josephson mostrou como isso podia produzir um efeito até ali desconhecido – desde então apelidado de efeito Josephson – no contexto dos supercondutores. Esse foi um dos primeiros exemplos de um efeito quântico que pode ser explorado em escalas macroscópicas e levou à tecnologia atualmente consagrada da junção Josephson.

Josephson tinha apenas 33 anos de idade quando dividiu o Prêmio Nobel de Física de 1973 com outros dois pesquisadores que haviam trabalhado no tunelamento quântico. Embora fosse o mais jovem dos três, ele recebeu metade do prêmio, enquanto os outros dois receberam um quarto cada um. Só no ano seguinte, 1974, é que Josephson finalmente se tornou professor titular em Cambridge – um cargo que exerceu até se aposentar, em 2007.

No fim da década de 1970, Josephson começou a ficar desiludido com a física convencional, sentindo que ela ignorava importantes áreas de experiência que, se houvesse oportunidade, poderiam ser esclarecidas pela teoria quântica ou por uma extensão dela ainda não descoberta. Passou a se interessar por filosofia oriental, meditação e estados elevados de consciência e, em 1988 – ainda sob os auspícios do Departamento de Física de Cambridge –, fundou o Projeto de Unificação Mente-Matéria. Esse projeto se preocupava com assuntos como linguagem, música e cognição – os quais, apesar de serem temas respeitáveis em outros departamentos acadêmicos, não eram normalmente a área de um físico teórico. Nos últimos anos Josephson têm escrito sobre assuntos claramente não acadêmicos, entre os quais a telepatia e a homeopatia, o que inevitavelmente o pôs em conflito com seus pares mais conservadores. O próprio Josephson continua com a mente aberta em relação ao que chama de "ciência herética". Em seu site ele adota o lema da Real Sociedade, *nullius in verba*, parafraseado por ele como "não confie na palavra de ninguém".

Andrew May

PONTOS QUÂNTICOS

Entre os fatores que limitam a redução do tamanho das estruturas nos chips eletrônicos estão os efeitos quânticos, que interferem no funcionamento do circuito eletrônico. Por exemplo, quando os condutores ficam muito próximos, os elétrons tunelam de um condutor para o outro. No entanto, os pesquisadores estão tentando converter esses efeitos quânticos em seu proveito. Pontos quânticos são nanopartículas minúsculas feitas de materiais semicondutores, entre os quais silício, seleneto de cádmio, sulfeto de cádmio e arseneto de índio. Eles são concebidos para ser tão pequenos que os efeitos quânticos se tornam visíveis. Tendo normalmente o tamanho de 10-50 átomos (2-10 nanômetros), inicialmente se comportam como átomos. Os elétrons das bandas de condução começam a preencher níveis quânticos discretos impostos pelo Princípio de Exclusão de Pauli. É por isso que os pontos quânticos são muitas vezes chamados de "átomos artificiais". Como os nanopontos são compostos de materiais semicondutores, existe um intervalo entre a banda de condução e a banda mais elevada. Os fótons podem estimular os elétrons da banda de valência e jogá-los para dentro da banda de condução. Esses elétrons, então, podem pular de volta para a banda de valência ao mesmo tempo que emitem um fóton. Nesse momento, a diferença de energia entre a banda de condução e a de valência pode ser tunelada por meio da mudança de tamanho das nanopartículas, em que a diferença de energia é a mais elevada para as menores partículas.

FLASH
Pontos quânticos são nanopartículas, geralmente presas a um substrato ou superfície ativa, que, em razão de seu tamanho reduzido, adquirem propriedades quânticas que interessam à tecnologia.

REFLEXÃO
A capacidade que os pontos quânticos têm de expulsar dois elétrons simultaneamente quando atingidos por um único fóton significa que eles oferecem a possibilidade de aumentar a eficiência das células solares. Como eles podem ser ajustados para emitir qualquer cor do espectro, os pesquisadores estão investigando como usá-los em mostradores e diodos emissores de luz.

TEMAS RELACIONADOS

PRINCÍPIO DE EXCLUSÃO DE PAULI
p. 58

COMPUTAÇÃO QUÂNTICA
p. 108

TRANSÍSTOR
p. 120

DADOS BIOGRÁFICOS
WOLFGANG PAULI
1900-1958
Físico teórico austríaco que apresentou o princípio de exclusão que recebeu seu nome

Textos por Alexander Hellemans

Os pontos quânticos poderiam ser usados para produzir mostradores visuais com um nível inigualável de detalhes sutis.

ÓPTICA QUÂNTICA

Todos os aparelhos ópticos funcionam no nível quântico, e a interação entre fótons de luz e os átomos de objetos, espelhos e lentes é explicada pela EDQ (eletrodinâmica quântica). No entanto, surgiu recentemente um número muito maior de aplicações diretas da teoria quântica em óptica, conhecida às vezes como fotônica. Entre as possibilidades mais impressionantes estão as lentes quânticas – materiais que manipulam fótons de modo diferente das lentes tradicionais. Considerem, por exemplo, os metamateriais. Essas substâncias possuem estruturas complexas – por exemplo, camadas de retículos ou padrões de buracos minúsculos numa lâmina metálica – que produzem efeitos estranhos, como um índice de refração negativo, curvando a luz de maneira oposta à das lentes ou prismas convencionais. Suas estruturas dão aos metamateriais a capacidade de focar em objetos muitíssimo menores do que é capaz uma lente convencional, produzindo as chamadas superlentes. Outro exemplo de estrutura óptica quântica é o retículo fotônico, que atua sobre a luz de maneira semelhante à de um semicondutor sobre os elétrons. A iridescência de algumas asas de borboleta é produzida por retículos fotônicos naturais. Os retículos fotônicos poderiam ser utilizados em futuros computadores ópticos, e cristais deles já são usados em sistemas especiais de pintura, em revestimentos de lentes que reduzem o reflexo e em fibras ópticas fotônicas de alta transmissão.

FLASH
Toda óptica envolve fenômenos quânticos, mas materiais ópticos quânticos especiais como metamateriais e retículos fotônicos manipulam fótons de uma maneira que a óptica convencional não consegue recriar.

REFLEXÃO
Devido a seu índice de refração negativo, os metamateriais conseguem curvar a luz em torno de um objeto, fazendo-o desaparecer. Isso já foi alcançado em escala reduzida, mas é algo limitado, pois os materiais utilizados absorvem luz demais para oferecer invisibilidade total. Existem, no entanto, mecanismos alternativos que ou amplificam opticamente a produção limitada do metamaterial ou utilizam um cristal fotônico para controlar o modo como a luz é difratada; portanto, poderemos ter em um futuro não muito distante uma capa de invisibilidade ao estilo de Harry Potter.

TEMAS RELACIONADOS

PRINCÍPIOS BÁSICOS DA EDQ
p. 66

DIAGRAMAS DE FEYNMAN
p. 70

DIVISORES DE FEIXE
p. 78

DADOS BIOGRÁFICOS

VICTOR VESELAGO
1929-
Físico russo e o primeiro a levar em conta o índice de refração negativo e os metamateriais

JOHN PENDRY
1943-
Físico teórico britânico que trabalhou sobre as teorias dos metamateriais para obter lentes perfeitas e mantos de invisibilidade

ULF LEONHARDT
1965-
Físico alemão que trabalha com mantos de invisibilidade viáveis

Textos por Brian Clegg

Os retículos fotônicos, como nas asas iridescentes da borboleta, manipulam a luz através de sua estrutura complexa.

LIMITES QUÂNTICOS

LIMITES QUÂNTICOS
GLOSSÁRIO

antiquarks Equivalentes de antimatéria das partículas de quark fundamentais que constituem os nêutrons e os prótons, e, portanto, a maior parte da matéria. Cada quark possui um antiquark idêntico a ele, exceto pelo fato de possuir carga e "cor" (sendo que esta é uma propriedade adicional dos quarks) opostas.

bóson Uma partícula que obedece à estatística de Bose-Einstein (em contraposição a um férmion). Normalmente os bósons são partículas que carregam forças – especialmente fótons e o famoso bóson de Higgs, mas o termo também se aplica aos núcleos atômicos com um número par de partículas. Diferentemente dos férmions, muitos bósons podem estar no mesmo estado simultaneamente.

buraco negro Um local no qual a massa ficou tão compacta que colapsa a um ponto infinitesimal, sob a ação da força gravitacional, de onde nem mesmo a luz consegue escapar. Na maioria das vezes, os buracos negros são formados pelo colapso de uma estrela gigantesca. O tamanho aparente do buraco negro é seu "horizonte de eventos", que é a distância do centro em que nada consegue escapar, embora o próprio buraco negro seja uma singularidade, um ponto sem dimensão.

capacidade térmica específica A quantidade de energia térmica necessária para fazer uma mudança definida de temperatura em uma substância com uma massa determinada.

CERN Centro Europeu de Pesquisa Nuclear, localizado perto de Genebra, na fronteira entre a Suíça e a França. O CERN abriga o Grande Colisor de Hádron (LHC, na sigla em inglês), além de uma ampla gama de outros experimentos com partículas, incluindo pesquisas importantes sobre antimatéria.

efeito Casimir Efeito quântico que provoca uma atração entre duas placas paralelas que se encontram muito próximas, o que pode ser explicado pelas restrições provocadas pelo intervalo muito estreito na formação das partículas virtuais, em comparação com o exterior das placas (pressionando-as a partir do lado de fora) ou em termos das limitações na energia do ponto zero – a energia do espaço vazio.

efeito Meissner A expulsão de qualquer campo magnético de um supercondutor (uma de suas propriedades decisivas), o que significa que um ímã vai levitar acima de um supercondutor.

espaço-tempo A relatividade trata o tempo como uma quarta dimensão. Como na relatividade não existe posição absoluta nem tempo absoluto, porque o modo como as coisas se movem influencia sua posição no tempo, é preciso considerar o espaço-tempo como um todo, em vez de pensar no espaço e no tempo independentemente.

estado escuro Estado em que um átomo não pode absorver ou emitir um fóton, o que pode resultar em alguns tipos de Condensado de Bose-Einstein (p. 144), "capturando" a luz.

glueball Uma partícula hipotética composta unicamente de glúons.

glúons Partículas de bóson elementares que carregam a força forte entre os quarks, do mesmo modo que os fótons carregam a força eletromagnética entre as partículas carregadas. Diferentemente dos fótons, que não têm carga elétrica, os glúons podem ser encontrados em "cores" diferentes, o tipo de carga adicional associada aos quarks.

gráviton Partícula hipotética que carregaria a força gravitacional numa teoria quântica da gravitação, assim como o fóton carrega a força eletromagnética.

liberdade assintótica O comportamento incomum da força forte entre quarks, que se torna mais fraca à medida que as partículas se aproximam e mais forte à medida que elas se afastam, o que significa que os quarks individuais nunca são vistos.

ponto lambda Temperatura abaixo da qual o hélio passa de fluido normal para superfluido.

quarks As partículas fundamentais que constituem os nêutrons e os prótons, logo, a maior parte de toda a matéria. Podem ser encontrados em seis tipos diferentes: up, down, strange, charm, bottom e top (esses nomes não têm nenhum significado). Nêutrons e prótons são combinações diferentes de três quarks up e down; outras partículas são compostas de pares de quarks.

singularidade Um ponto no espaço-tempo em que uma propriedade se torna infinita (mais comumente aplicada a um buraco negro, onde o campo gravitacional se torna infinito) e as teorias atuais entram em colapso. O núcleo de um buraco negro é uma singularidade.

supercondutividade A capacidade que os materiais extremamente frios têm de conduzir eletricidade sem resistência e de expulsar um campo magnético (p. 140).

zero absoluto A temperatura mais baixa possível na qual todos os átomos em um material se encontram em seu estado mais baixo de energia. Na prática, isso não pode ser alcançado com um número finito de etapas. Seu valor é -273,15°C (0 K).

ENERGIA DO PONTO ZERO

A formulação em termos de energia-tempo do Princípio da Incerteza de Heisenberg permite que grandes flutuações de energia existam por curtos períodos de tempo. Uma consequência disso é que todo sistema quântico tem um estado de energia mínimo – conhecido como sua "energia do ponto zero" – abaixo do qual é impossível chegar. Mesmo os campos quânticos que permeiam o vácuo têm uma energia do ponto zero. Portanto, o espaço vazio não é realmente vazio! Ele pode ser descrito como um mar de "partículas virtuais" em constante transformação, aparecendo e desaparecendo rapidamente. Ninguém sabe realmente quanta energia existe no vácuo: alguns cálculos teóricos sugerem que deve haver uma enorme quantidade, enquanto observações da estrutura em larga escala do Universo sugerem um valor muito menor. Apesar das incertezas com relação a sua magnitude, existe uma evidência experimental tentadora de que a energia do ponto zero do vácuo de fato existe. Um exemplo mencionado frequentemente é o efeito Casimir, que dá origem a uma força de atração entre duas placas metálicas muito próximas. O fenômeno, previsto por Hendrik Casimir em 1948, foi comprovado posteriormente em laboratório. Mas será que o efeito Casimir prova a existência da energia do ponto zero? O próprio Casimir pensava que sim, mas há outras explicações – a decisão do júri, portanto, ainda está em suspenso.

FLASH
Graças ao Princípio da Incerteza de Heisenberg, não existe espaço vazio – mesmo o vácuo é uma massa de partículas virtuais em ebulição.

REFLEXÃO
Os problemas energéticos do mundo podem ser resolvidos extraindo-se energia do ponto zero do vácuo? A maioria dos físicos diria que isso é impossível – como se pode extrair energia do que é, por definição, o estado mínimo de energia? Não obstante, em 1984 Robert L. Forward apresentou um experimento mental baseado no efeito Casimir que demonstrou como uma "bateria de flutuação no vácuo" poderia funcionar... Embora na prática o sistema provavelmente acabaria usando mais energia do que geraria.

TEMAS RELACIONADOS
PRINCÍPIO DA INCERTEZA DE HEISENBERG
p. 48

TEORIA QUÂNTICA DE CAMPOS
p. 64

DADOS BIOGRÁFICOS
HENDRIK CASIMIR
1909-2000
Físico holandês que trabalhou para Niels Bohr e Wolfgang Pauli

ROBERT L. FORWARD
1932-2002
Físico, engenheiro aeroespacial e escritor de ficção científica americano

Textos por Andrew May

No efeito Casimir, duas placa metálicas muito próximas em um vácuo são forçadas uma na direção da outra.

SUPERCONDUTORES

Em 1911, o físico holandês Heike Kamerlingh Onnes estava testando as propriedades do mercúrio a baixas temperaturas. Para seu espanto, a 4,2 K (-268,95°C), sua resistência elétrica simplesmente desaparecia. Se uma corrente fosse iniciada em um "supercondutor" como esse, ela circularia enquanto o material fosse mantido suficientemente frio. Isso foi explicado na década de 1950 pelos físicos americanos John Bardeen, Leon Cooper e John Schrieffer. Eles descobriram que em baixas temperaturas os elétrons produzem pares de Cooper – elétrons gêmeos que se ligam e produzem uma única partícula de bóson. Essas partículas, do mesmo modo que os fótons, podem se juntar no mesmo estado, ao passo que um férmion como um elétron normal só pode ter uma única partícula no mesmo local e estado. Em temperaturas muito baixas forma-se um "condensado" – um conjunto de pares de Cooper que se comportam como uma única entidade. Em vez de elétrons individuais circulando através do condutor, existe uma única substância constante, que não sofre a resistência dos átomos do material. A supercondutividade torna possíveis os ímãs extremamente poderosos dos aparelhos de ressonância magnética e os aceleradores de partículas como o Grande Colisor de Hádron. Também produz o efeito Meissner, no qual um ímã "levita" acima de um supercondutor porque este impede que o campo magnético se estenda para dentro dele.

FLASH
Uma mudança no comportamento dos elétrons em temperaturas muito baixas produz uma corrente que circula sem encontrar resistência e que é utilizada para fabricar eletroímãs extremamente poderosos.

REFLEXÃO
O mecanismo do par de Cooper funciona somente em temperaturas muito baixas, e acreditou-se que isso impossibilitaria que um supercondutor funcionasse acima de 30 K (-243,15°C). No entanto, desde a década de 1980 foram fabricados supercondutores de "alta temperatura" que funcionam até a 135 K (-138,15°C), e existe a expectativa de que se possa fazer um supercondutor que funcione em temperatura ambiente. Não se sabe ao certo como os supercondutores de alta temperatura funcionam, embora se acredite que o efeito esteja relacionado ao spin do elétron.

TEMAS RELACIONADOS
JUNÇÕES JOSEPHSON
p. 126

SUPERFLUIDOS
p. 142

CONDENSADOS DE BOSE-EINSTEIN
p. 144

DADOS BIOGRÁFICOS
HEIKE KAMERLINGH ONNES
1853-1926
Físico holandês, o primeiro a liquefazer o hélio e a observar a supercondutividade. Ganhou o Prêmio Nobel de Física de 1913 pelas pesquisas sobre a matéria em baixas temperaturas

JOHN BARDEEN, LEON N. COOPER e JOHN R. SCHRIEFFER
1908-1991, 1930-, 1931-
Físicos americanos que dividiram o Prêmio Nobel de Física de 1972 pela teoria da supercondutividade

Textos por Brian Clegg

Os ímãs supercondutores produzem levitação e são usados para gerar poderosos campos magnéticos para os aceleradores.

SUPERFLUIDOS

FLASH
A superfluidez é o único efeito quântico que pode ser observado a olho nu: um superfluido estimulado se mantém girando para sempre.

REFLEXÃO
O hélio superfluido é um verdadeiro "Houdini". Em razão da absoluta falta de atrito, ele escorre pela borda do vidro que o contém e passa através do menor orifício, com apenas alguns átomos de diâmetro. O hélio superfluido foi utilizado pela primeira vez para esfriar o espelho de um telescópio que estava no espaço com o Satélite Astronômico Infravermelho, que entrou em funcionamento em 1983. A difusão do hélio através de dois plugues de latão manteve a temperatura a 1,6 kelvin (-271,55°c).

Heike Kamerlingh Onnes, que descobriu a supercondutividade, foi também o primeiro físico a liquefazer o hélio. Ele demonstrou, em 1911, que abaixo de 2,17 k (-270,98°C) a condução de calor por hélio líquido aumentava consideravelmente. Essa temperatura ficou conhecida como ponto lambda, por causa da forma do gráfico de condutividade de calor em função da temperatura. O porquê de isso ter acontecido permaneceu um mistério até 1938, quando Pyotr Kapitsa, na Rússia, e John Allen e Don Misener, no Reino Unido, descobriram que em uma temperatura inferior ao ponto lambda a viscosidade do hélio desaparecia completamente. A explicação do fenômeno tem muito em comum com a causa da supercondutividade em metais. Em alguns supercondutores, os elétrons, que se comportam como bósons, emparelham e perdem qualquer resistência elétrica. Os átomos de hélio-4 formam um condensado de Bose-Einstein (CBE) por meio do qual todos os átomos partilham a mesma função de onda e perdem qualquer atrito mecânico. Surpreendentemente, o hélio-3 – que é composto de férmions e, obedecendo ao Princípio de Exclusão de Pauli, não pode formar um CBE – também pode ser tornar superfluido quando resfriado a 0,002 acima do zero absoluto (-273,15°C). Nesse caso, o responsável é um mecanismo mais próximo daquele que causa a supercondutividade. Os átomos de hélio-3 formam pares por meio do alinhamento de sua magnetização, compondo pares que são bósons.

TEMAS RELACIONADOS
SUPERCONDUTORES
p. 140

CONDENSADOS DE BOSE-EINSTEIN
p. 144

DADOS BIOGRÁFICOS
HEIKE KAMERLINGH ONNES
1853-1926
Físico holandês e pioneiro das técnicas de refrigeração que investigou o comportamento da matéria em temperaturas extremamente baixas

PYOTR KAPITSA
1894-1984
Físico russo, recebeu o Prêmio Nobel de Física de 1978 pela descoberta da superfluidez; o trabalho similar dos físicos canadenses John Allen e Donald Misener não resultou na divisão do prêmio

Textos por Alexander Hellemans

O superfluido não tem nenhuma viscosidade e, uma vez girando, continuará a fazê-lo indefinidamente.

CONDENSADOS DE BOSE-EINSTEIN

FLASH
O condensado de Bose--Einstein é o quinto estado da matéria, gerado pela redução de um gás de bósons a temperaturas extremamente baixas. Os bósons se comportam juntos como uma única partícula quântica.

REFLEXÃO
Cientistas de Harvard usaram um condensado de Bose-Einstein para reduzir a luz à velocidade da caminhada. Dois lasers foram projetados em um condensado. Este normalmente seria opaco, mas o primeiro laser produz uma estrutura que permite que o segundo abra caminho, reduzindo a velocidade da luz para menos de 1 m por segundo. Quando o primeiro laser "acoplado" teve sua potência gradualmente reduzida, o segundo feixe ficou preso numa estranha mistura de matéria e luz – um estado escuro –, sendo liberado apenas quando o laser acoplado foi reiniciado.

Aprendemos que existem três estados da matéria – sólido, líquido e gasoso – e talvez estejamos familiarizados com um quarto estado no plasma, como um gás, mas composto de íons carregados. A física identifica, porém, um quinto estado, puramente quântico, o condensado de Bose-Einstein. Ele só se forma quando um conjunto de átomos apropriados é resfriado a uma temperatura próxima do zero absoluto (-273,15°C). Os átomos podem ser férmions, que (como os elétrons e os prótons) têm de estar em estados únicos para existir em estreita proximidade, ou bósons, que (como os fótons de luz) podem ter diversas partículas idênticas comprimidas. O condensado de Bose-Einstein é composto de bósons – a maioria em seu estado mais baixo de energia devido ao esfriamento extremo –, que começam a se comportar coletivamente como uma versão em larga escala de uma partícula quântica. Isso produz efeitos como a superfluidez, além de significar que, normalmente, grandes conjuntos de átomos podem passar pelos processos quânticos somente associados a partículas individuais, como a interferência da mecânica quântica gerada pelo experimento da dupla fenda. Por ora não existem aplicações dos condensados de Bose-Einstein, embora se tenha sugerido que eles poderiam ser usados para detectar aviões furtivos, monitorando o modo pelo qual pequenas alterações na gravidade influenciam a interferência quântica.

TEMAS RELACIONADOS
DUPLA FENDA QUÂNTICA
p. 32

PRINCÍPIO DE EXCLUSÃO DE PAULI
p. 58

DADOS BIOGRÁFICOS
ALBERT EINSTEIN
1879-1955
Físico alemão que recebeu o artigo de Bose sobre sua teoria, mandou publicá-lo e ampliou-o para que ele abarcasse os átomos

LENE VESTERGAARD HAU
1959-
Física dinamarquesa cuja equipe de Harvard usou um condensado de Bose-Einstein para reduzir a velocidade da luz e interrompê-la

Textos por Brian Clegg

As funções de onda de condensados que interagem geram padrões de interferência que poderiam ser influenciados por alterações na gravidade e ser capazes de detectar a passagem de um avião furtivo.

1° de janeiro de 1894
Nasce em Calcutá, Índia, filho de Surendra Nath e de sua esposa, Amodini

1913
Forma-se na Universidade de Calcutá

1917
Começa a lecionar na Universidade de Calcutá

1919
Traduz para o inglês os ensaios de Albert Einstein sobre a relatividade

1921
Torna-se professor assistente de física na Universidade de Daca

1924
Publica um artigo sobre a indistinguibilidade das partículas quânticas idênticas

1925
Viaja para a Europa, onde trabalha com Marie Curie e conhece Einstein

1926
Torna-se professor e diretor de física da Universidade de Daca

1945
Torna-se professor de física da Universidade de Calcutá e presidente da Sociedade Indiana de Física

1948
Funda a Associação Científica de Bengala

1954
Ingressa na câmara alta do Parlamento indiano. O governo indiano o homenageia com sua segunda condecoração civil mais importante, o título de Padma Vibhushan

1958
Eleito membro da Royal Society

4 de fevereiro de 1974
Morre em Calcutá

SATYENDRA NATH BOSE

Premiado estudante de matemática e física, Satyendra Nath Bose era um polímata que também se destacava no domínio dos idiomas. Em 1919, enquanto dava aula de física na Universidade de Calcutá, Bose e o colega físico Meghnad Saha foram responsáveis pela primeira tradução para o inglês dos ensaios revolucionários de Einstein sobre a relatividade. Cinco anos mais tarde, agora com 30 anos de idade e trabalhando na Universidade de Daca, Bose realizou sua primeira grande descoberta.

Em 1900, Max Planck sugeriu que o calor emitido por objetos muito quentes se apresenta em blocos independentes de energia "quântica". Embora isso explicasse a distribuição de energia através do espectro dessa radiação térmica, alguns dos raciocínios matemáticos que Planck utilizou para a teoria – a lei de Planck – não eram convincentes. Bose os resolveu desenvolvendo a lei de Planck de forma diferente. Enquanto Planck pensava que os quanta individuais podiam ser diferenciados um do outro, Bose partiu do pressuposto de ser impossível distingui-los. Essa importante descoberta – a indistinguibilidade das partículas quânticas idênticas – tornou-se um dos fundamentos da teoria quântica.

Bose enviou seu artigo de 1924 sobre o assunto, intitulado "A Lei de Planck e a Hipótese Quântica da Luz", para Albert Einstein, depois de ele ter sido recusado por um periódico científico britânico. Impressionado, Einstein endossou o ensaio e o traduziu para o alemão; a publicação ocorreu, então, no periódico de física *Zeitschrift für Physik*. Posteriormente, Einstein complementou as ideias de Bose, e sua criação conjunta ficou conhecida como estatísticas de Bose-Einstein. As partículas que obedecem a essas estatísticas são chamadas de bósons, em reconhecimento à contribuição revolucionária de Bose.

Einstein também ajudou Bose a conseguir um visto para a Europa. Bose trabalhou com Marie Curie em Paris e conheceu Einstein em Berlim, juntamente com outros fundadores da teoria quântica, como Bohr, Heisenberg e Schrödinger.

Apesar da inteligência impressionante, Bose podia dar a impressão de ser desorganizado, tanto nas pesquisas científicas como na aparência pessoal. Pulava de uma área de estudo para outra e aparece numa foto usando boina e cachecol com roupas indianas tradicionais. Bose, que também estudou poesia e literatura e tocava o esraj (instrumento de cordas indiano), era conhecido pela cordialidade, modéstia e compaixão. A fim de ajudar a Índia a competir no cenário internacional, fez campanha para que a ciência fosse ensinada nos idiomas nativos, e não em inglês, e fundou a Associação Científica de Bengala, que publicava uma revista científica mensal bengali.

Bose ajudou a mudar o rumo da física do século XX, e sua influência ainda se faz sentir. Em 1995, foi produzido o primeiro condensado de Bose-Einstein – um grande número de átomos controlados pelas estatísticas de Bose-Einstein, que são resfriados a uma temperatura logo abaixo do zero absoluto e se comportam como um gigantesco átomo.

Sharon Ann Holgate

CROMODINÂMICA QUÂNTICA

A força nuclear forte que atua sobre prótons e nêutrons desafiou a descrição teórica até por volta de 1970, quando uma camada mais profunda da realidade foi descoberta: prótons e nêutrons são feitos de quarks. Os quarks carregam carga elétrica e também outra forma de carga, conhecida caprichosamente como "cor". Essa cor é a origem das forças que mantém os quarks agrupados, formando primeiro nêutrons e prótons e depois núcleos atômicos. A teoria quântica relativística das forças entre partículas que carregam ou contêm carga de cor é conhecida como cromodinâmica quântica – CDQ. Essa teoria é semelhante à eletrodinâmica quântica, EDQ, que descreve as interações entre partículas eletricamente carregadas e a luz. A própria luz é descrita como sendo feita de partículas – fótons. Os casos análogos em CDQ incluem as interações entre partículas que carregam a mesma carga de cor e "glúons" – os análogos dos fótons. No entanto, enquanto fótons não carregam carga elétrica e se deslocam independentemente um do outro, glúons carregam carga de cor e interagem um com o outro durante o deslocamento. Isso faz com que as forças que surgem na CDQ se comportem de maneira bem diferente da força eletromagnética da EDQ. Os quarks, por exemplo, estão confinados para sempre dentro de partículas como prótons e não podem existir isolados – diferentemente dos elétrons, que não carregam carga de cor e podem escapar dos átomos.

FLASH
Carga de cor, uma propriedade semelhante à carga elétrica, é carregada por quarks e glúons e é a fonte de uma força forte que cria os núcleos dos átomos.

REFLEXÃO
A CDQ explica por que as forças nucleares entre nêutrons e prótons são muito fortes, enquanto as forças entre quarks e glúons, em distâncias muito curtas, são relativamente fracas. Isso permite que os físicos do CERN analisem colisões entre prótons em termos dos quarks e glúons que os compõem, e ajudou a descobrir o bóson de Higgs. A CDQ implica que as glueballs existem, mas escondidas no meio de partículas feitas de quarks e antiquarks, de modo que fica difícil isolá-las.

TEMAS RELACIONADOS
TEORIA QUÂNTICA DE CAMPOS
p. 64

PRINCÍPIOS BÁSICOS DA EDQ
p. 66

DADOS BIOGRÁFICOS
DAVID GROSS, H. DAVID POLITZER e FRANK WILZCEK
1941-, 1949-, 1951-
Físicos americanos que dividiram o Prêmio Nobel de Física de 2004 pela descoberta de que a CDQ é uma teoria viável das interações entre quarks

Textos por Frank Close

As cores da cromodinâmica quântica não são cores visíveis, mas uma propriedade semelhante a uma carga elétrica.

BIOLOGIA QUÂNTICA

Será que os efeitos quânticos poderiam ter uma função na biologia? Ao pé da letra, parece improvável: os efeitos quânticos normalmente são frágeis e só aparecem em condições bem isoladas e a baixas temperaturas, ao passo que a vida é quente, úmida e turbulenta. Mas o comportamento quântico ocorre, sim, em sistemas biológicos e são investigados numa nova disciplina: a biologia quântica. Muitas reações bioquímicas controladas por enzimas envolvem o deslocamento de um átomo de hidrogênio ionizado – um próton solitário – de uma molécula para outra. O próton é tão leve que consegue se deslocar por tunelamento quântico através de uma barreira de energia, em vez de ter de passar por cima dela. Não é claro se esse tunelamento em reações químicas enzimáticas é acidental ou foi explorado pela seleção natural. E, mais impressionante, quando as moléculas coletoras de luz envoltas em fotossíntese bacteriana capturam a luz do sol, a energia parece se distribuir entre uma sobreposição de ondas quânticas que se movem no mesmo ritmo (coerentemente) na direção do lugar em que a reação química de fotossíntese inicial acontece, aumentando a eficácia desse transporte de energia. Ao mesmo tempo, a bússola magnética bioquímica que permite que algumas aves naveguem usando o campo magnético da Terra pode conter emaranhamento quântico entre os elétrons. Foi sugerido também que o tunelamento quântico tem uma função no mecanismo molecular do olfato.

FLASH
Descobriu-se que os efeitos da mecânica, como tunelamento, sobreposição e emaranhamento, têm uma função em alguns processos biológicos, como a fotossíntese e a navegação das aves.

REFLEXÃO
Uma função hipotética e controvertida dos efeitos quânticos na biologia foi proposta na década de 1990 pelo físico Roger Penrose e pelo médico Stuart Hameroff. Eles sugeriram que a consciência humana surge de sobreposições dos estados quânticos de fibras de proteína nos neurônios, chamados microtúbulos. Segundo eles, o colapso da função de onda nesses estados permitiria que o cérebro realizasse um tipo de cálculo quântico que revela respostas a perguntas que são improváveis pelas regras formais da lógica.

TEMA RELACIONADO
TUNELAMENTO QUÂNTICO
p. 80

DADOS BIOGRÁFICOS
GRAHAM FLEMING
1949-
Físico americano, foi o primeiro a observar coerência quântica em transferência de energia fotossintética, em 2007

PAUL DAVIES
1946-
Físico inglês cujo interesse pela física da vida vai da astrobiologia aos mecanismos do câncer e os efeitos quânticos na biologia

Textos por Philip Ball

Os efeitos quânticos poderiam ser responsáveis pela capacidade que algumas aves têm de navegar usando campos magnéticos.

GRAVITAÇÃO QUÂNTICA

A busca por uma teoria quântica da gravitação é um dos maiores desafios dos físicos atualmente. A expectativa é unir os dois pilares da física moderna – a teoria da deformação do espaço de Einstein (relatividade geral) e a teoria quântica, que descreve o domínio atômico – numa sofisticada "teoria de tudo". Uma teoria eficaz ajudaria a explicar os primeiros instantes do Big Bang, e o que acontece perto da singularidade no centro de um buraco negro. Criar uma teoria como essa não é fácil. Enquanto os cálculos matemáticos da teoria quântica tratam o tempo e o espaço como um pano de fundo impassível e invariável no qual os eventos acontecem, na relatividade eles são... relativos. Pior: para testar qualquer teoria quântica da gravitação é preciso observar energias extremamente altas e longas distâncias, atualmente fora do alcance da experimentação. Não obstante, alguns físicos estão explorando diferentes abordagens. A ideia mais popular é a teoria das cordas, que descreve as partículas elementares como cordas de energia minúsculas e vibrantes que preenchem o espaço de 9 ou 10 dimensões. Outra possibilidade é que o espaço tenha uma microestrutura discreta de arestas discretas unidas por nodos, chamada rede de spin. Esses nodos podem se entrelaçar e formar cordas torcidas que, na gravitação quântica em laço, englobam as partículas elementares.

FLASH

As teorias quânticas da gravitação procuram fundir a relatividade geral – que descreve a gravidade como uma propriedade geométrica do espaço e do tempo – com a física quântica no domínio atômico.

REFLEXÃO

Muitas ideias acerca da gravitação quântica apontam para estruturas discretas no espaço-tempo, cujo efeito cumulativo sobre partículas que percorrem enormes distâncias através do universo podem ser observáveis. Se a gravitação puder, de fato, ser quantizada, então descobrir a unidade quântica da gravitação – o gráviton – seria uma evidência suficiente. Mas como a gravitação é a mais fraca das forças fundamentais da natureza, é extremamente difícil detectar um gráviton; alguns dizem que seria necessário um detector com uma massa maior do que a de um buraco negro.

TEMA RELACIONADO

TEORIA QUÂNTICA DE CAMPOS

p. 64

DADOS BIOGRÁFICOS

PAUL DIRAC

1902-1984

Físico britânico e a primeira pessoa a tentar quantizar a teoria da relatividade geral de Einstein, em 1932

ABHAY ASHTEKAR

1949-

Físico indiano que realizou um importante avanço em 1986 ao reformular a relatividade geral para aproximar sua linguagem matemática da utilizada na física de partículas e na física quântica

Textos por Sophie Hebden

O Big Bang e os buracos negros não podem ser compreendidos de maneira correta sem uma teoria quântica da gravitação.

FONTES DE INFORMAÇÃO

LIVROS

Alice no País do Quantum: A física quântica ao alcance de todos
Robert Gilmore
(JZE, 1998)

The Amazing Story of Quantum Mechanics
James Kakalios
(Duckworth, 2010)

Antimatter
Frank Close
(Oxford University Press, 2010)

Beam: The Race to Make the Laser
Jeff Hecht
(Oxford University Press, 2010)

Computing with Quantum Cats
John Gribbin
(Bantam, 2013)

Conceitos de física quântica
Osvaldo Pessoa Junior
(2 vols., Editora Livraria da Física, 2006)

Erwin Schödinger and the Quantum Revolution
John Gribbin
(Black Swan, 2013)

The God Effect: Quantum Entanglement
Brian Clegg
(St Martin's Griffin, 2009)

História da teoria quântica
Roberto de Andrade Martins e Pedro Sérgio Rosa
(Editora Livraria da Física, 2014)

The Infinity Puzzle: Renormalisation and Quantum Theory
Frank Close
(Oxford University Press, 2011)

The Many Worlds of Hugh Everett III
Peter Byrne
(Oxford University Press, 2010)

Nothing
Frank Close
(Oxford University Press, 2009)

Paradox: The Nine Greatest Enigmas in Physics
Jim Al-Khalili
(Black Swan, 2013)

QED: The Strange Theory of Light and Matter
Richard Feynman
(Penguin, 1990)

Quantum
Manjit Kumar
(Icon Books, 2009)

The Quantum Age
Brian Clegg
(Icon Books, 2014)

Quantum Theory Cannot Hurt You
Marcus Chown
(Faber & Faber, 2008)

The Quantum Universe
Brian Cox e Jeff Forshaw
(Allen Lane, 2011)

ARTIGOS E SITES

Biografia de Sir Peter Mansfield
www.nobelprize.org/nobel_prizes/medicine/laureates/2003/mansfield-bio.html

Guia temático do "Quantum World" do *New Scientist*
www.newscientist.com/topic/quantum-world

The Higgs Boson: One Year On
Por Pauline Gagnon, física de partículas do CERN
home.web.cern.ch/about/updates/2013/07/higgs-boson-one-year

Informações para o público sobre o Prêmio Nobel de Física de 2001 pelo condensado de Bose-Einstein, do site oficial do Prêmio Nobel
www.nobelprize.org/nobel_prizes/physics/laureates/2001/popular.html

Institute of Physics: Quantum Physics
www.quantumphysics.iop.org

Jim Al-Khalali – *Quantum Life* (vídeo)
www.richannel.org/jim-al-khalili-quantum-life-how-physics-can-revolutionise-biology

Notícias sobre física quântica
www.sciencedaily.com/news/matter_energy/quantum_physics/

Projeto S. N. Bose, por Falguni Sarkar, neto de Bose
www.snbose.org

Robert Peston Learns Quantum Physics
www.brianclegg.blogspot.co.uk/2013/08/peston-physics.html

Royal Society – Why is Quantum Physics Important?
invigorate.royalsociety.org/ks5/the-best-things-come-in-small-packages/why-is-quantum-physics-important.aspx

Scientific American
www.scientificamerican.com/topic/quantum-physics/

SOBRE OS COLABORADORES

Philip Ball é escritor freelance e foi editor da *Nature* durante mais de vinte anos. Formado em química pela Universidade de Oxford e em física pela Universidade de Bristol, ele escreve regularmente em veículos científicos e não especializados. Entre os livros de sua autoria estão *H2O: A Biography of Water*, *Bright Earth: Art and the Invention of Colour*, *The Music Instinct: How Music Works and Why We Can't Do Without It* e *Curiosity: How Science Became Interested in Everything*. Seu livro *Critical Mass: How One Thing Leads to Another* ganhou o Prêmio Aventis para Livros de Ciência. Ele recebeu o Prêmio Grady-Stack da Sociedade Americana de Química por tornar a química compreensível ao grande público e foi o primeiro a receber o Prêmio Lagrange pela divulgação de conceitos científicos complexos.

Brian Clegg ensinou ciências naturais, com foco em física experimental, na Universidade de Cambridge. Após criar soluções tecnológicas de ponta para a British Airways e trabalhar com o guru da criatividade Edward de Bono, ele montou um grupo de consultoria criativa que assessora clientes como a BBC e o Serviço Nacional de Meteorologia do Reino Unido. Escreve para *Nature*, *Times* e *Wall Street Journal*, e dá palestras nas universidades de Oxford e Cambridge e na Royal Institution. É editor do site de resenhas de livros www.popularscience.co.uk, e entre os títulos de sua autoria estão *A Brief History of Infinity* e *How to Build a Time Machine*.

Leon Clifford é um escritor e consultor cuja especialidade é simplificar o que é complexo. É bacharel em física com astrofísica e membro da Associação Britânica de Escritores de Ciência. Trabalhou durante muitos anos como jornalista, cobrindo ciência, tecnologia e negócios, e seus artigos foram publicados em diversos jornais e revistas, entre os quais *Electronics Weekly*, *Wireless World*, *Computer Weekly*, *New Scientist* e *The Daily Telegraph*. Leon se interessa por todos os aspectos da física – particularmente a ciência do clima, a astrofísica e a física de partículas.

Frank Close, OBE (Oficial da Ordem do Império Britânico), é professor de física da Universidade de Oxford e membro do Exeter College, em Oxford. Foi diretor do Departamento de Física Teórica do Laboratório Rutherford Appleton e diretor de Comunicação e Educação Pública do CERN. O foco de suas pesquisas é a estrutura do quark e do glúon de partículas nucleares, sobre a qual publicou mais de 200 ensaios em literatura revista por pares. É membro da Sociedade Americana de Física e do Instituto Britânico de Física, tendo recebido deste último a Medalha Kelvin, em 1996, pelas relevantes contribuições para a divulgação da física. É autor de diversos livros, entre os quais *Neutrino* – finalista do Prêmio Galileu de 2013 –, o best-seller *Lucifer's Legacy:*

The Meaning of Asymmetry e o mais recente *The Infinite Puzzle*.

Sophie Hebden é uma escritora freelance de ciência que mora em Mansfield, Reino Unido. Ela concilia os textos sobre física com a criação de dois filhos pequenos. Escreve para a *New Scientist* e o Instituto de Questões Fundamentais e foi editora de notícias do SciDev.Net. É doutora em física de plasma espacial e mestre em divulgação científica.

Alexander Hellemans é um escritor de ciência cujos artigos foram publicados em *Science*, *Nature*, *Scientific American*, *BBC Focus*, *The Guardian*, *New Scientist*, *The Scientist*, *IEEE Spectrum*, *Chemical and Engineering News*, além de outras publicações. É autor, junto com Bryan Bunch, de *The History of Science and Technology: A Browser's Guide to the Great Discoveries* e *Inventions and the People Who Made Them from the Dawn of Time to Today*.

Sharon Ann Holgate é uma escritora freelance de ciência e radialista com doutorado em física. Escreve para jornais e revistas, entre as quais *New Scientist* e *Focus*, e apresentou programas na BBC Rádio 4, uma minissérie para o Serviço Mundial da BBC e entrevistas em vídeo para a Fundação Myrovlytis. É coautora de *The Way Science Works*, um livro de divulgação científica para crianças que foi finalista do Prêmio Júnior dos Prêmios Aventis para Livros de Ciência de 2003, e autora do livro didático de ensino fundamental *Understanding Solid States Physics*. Em 2006, Sharon Ann ganhou o prêmio de Jovem Física Profissional do Ano por seu trabalho na divulgação da física.

Andrew May é consultor técnico e escritor freelance sobre temas que vão da astronomia e da física quântica à análise da defesa e à tecnologia militar. Depois de ensinar ciências naturais na Universidade de Cambridge na década de 1970, fez doutorado em astrofísica na Universidade de Manchester. Desde então, acumula mais de 30 anos de experiências na universidade, na área científica do setor público e na indústria privada.

ÍNDICE

A
acelerador de partículas 36, 48
Aharonov, Yakir 88
Allen, John 142
Anderson, Carl 60, 62
antimatéria 56, 60, 63, 66, 68, 70, 136
Ashtekar, Abhay 152
Aspect, Alain 100, 102
átomos 6

B
Balmer, Johann Jakob 22
Bardeen, John 120, 140
Bell, John 100, 102-3
Bennett, Charles H. 104, 110
Big Bang 152
Binnig, Gerd 80
bit quântico 97, 106, 108
Bohm, David
  Aharonov Bohm
  difusão de Bohm 76, 88
  efeito 88
  Interpretação de Bohm 8, 50, 86, 90
Bohr, Niels
  conheceu Satyendra Bose 147
  espectro atômico 60
  Interpretação de Copenhague 26, 45, 84
  Modelo quântico do átomo 18, 22, 24, 58
  Princípio da complementaridade 28, 84
bomba atômica 76
bório 26
Born, Max 40, 57
Bose, Satyendra Nath 146-7
bóson 56, 136, 140, 142, 144, 147
bóson de Higgs 56, 136, 148
Brassard, Gilles 104
Brattain, Walter 120
buraco negro 14, 136, 152

C
Casimir, Hendrik 138
CERN 36, 102, 103, 136, 148
Chiao, Raymond 82
Clifford, William 60
computadores e cálculo 8, 96, 100, 106, 108, 126
condensado de Bose-Einstein 142, 144, 147
consciência humana 90, 150
constante de Planck 15, 16, 48
Cooper, Leon N. 140
corpo negro 14, 16, 18
Crick, Francis e Watson, James 45
criptografia 8, 96, 100, 104, 108
Curie, Marie 147

D
Davies, Paul 150
Davisson, Clinton 28, 30
De Broglie, Louis 27, 28, 30, 42, 50, 86
De Valera, Éamon 45
decaimento radiativo 46, 50, 76, 80, 112
decoerência 52, 106
desigualdades de Bell 100, 103
determinismo 86, 89
Dirac, Paul
  antimatéria 56
  EDQ 66
  Equação de Dirac 40, 60, 66
  renormalização 68
  tentativas de quantificar a relatividade geral 152
dopagem 116, 120

E
efeito Casimir 138
efeito fotoelétrico 20, 28
Einstein, Albert
  amigo e colega de David Bohm 889
  Bose e o condensado de Bose-Einstein 144, 146-7
  "Deus não joga dados" 7
  efeito fotoelétrico 20
  emaranhamento quântico 8, 97, 100
  experimento mental EPR 77, 96, 98
  fótons 28, 32
  rejeitada como "física judaica" 20
  relatividade geral 20, 152
elementos 6
eletrônica 116, 118, 120
elétrons 7, 20, 22, 24, 27, 28, 30, 32, 38, 42, 56, 57, 64, 70, 118, 120, 122, 126, 130, 136, 140, 142, 144, 148, 150
emaranhamento quântico 8, 52, 77, 78, 97, 100, 104, 106, 110, 112, 150
energia do ponto zero 9, 136, 138
equações de Maxwell 57
espaço-tempo 37, 57, 137, 152
experimento da dupla fenda 32, 84, 86, 92, 144

F
férmions 56, 58, 116, 136, 140, 142, 144
Feynman, Richard 7, 32, 68, 70, 108
Fleming, Graham 150
fórmula de Planck 15, 22
Forward, Robert L. 138
fóton 15, 20, 28, 32, 57, 70, 82, 96, 106, 118, 130, 132, 136, 140, 148
fotossíntese 150
Franck, James 27
função de onda 37, 42, 50, 77, 80, 90, 150

G
Gerlach, Walther 38
germânio 120
Germer, Lester 30
glueballs 136, 148
glúons 137, 148
Goudsmit, Samuel 38
Gould, Gordon 118
Grande Colisor de Hádron (LHC) 36, 48, 136, 140
gravitação 9, 50, 64, 137, 152
gravitação quântica em laço 152
Gross, David 148

H
Hameroff, Stuart 150
Haroche, Serge 106
Hau, Lene Vestergaard 144
Hawking, Stephen 14
Heisenberg, Werner
  conheceu Bose 147
  e Bohr 27, 84
  mecânica de matrizes 40, 42, 57
  Princípio da incerteza de Heisenberg 8, 36, 40, 48, 138

I
Ignacio, Juan 46
Interpretação de Copenhague 8, 26, 45, 50, 84, 89, 90, 92
Interpretação de Muitos Mundos 8, 90, 92
isótopo 57

J
Jacobsen, Carl 27
Jordan, Pascual 40
Josephson, Brian
  Junções Josephson 116, 126, 129
  palestra no Congresso americano sobre "estados elevados de consciência" 128
  Pares de Cooper 126
  primeiro diploma aos 20 anos 129
  Projeto de Unificação Mente-Matéria 1289

K

Kapitsa, Pyotr 142
Krishnamurti, Jiddu 89

L

Lauterbur, Paul 124
lei de Moore 116, 120
Lenard, Philipp 20
Leonhardt, Ulf 132
lépton 14, 22
livre-arbítrio 86

M

Maiman, Theodore 118
Mansfield, Peter 124
mantos de invisibilidade 132
Maxwell, James Clerk 57, 66, 72
mecânica quântica 16
Mermin, David 84
microeletrônica 80
Millikan, Robert 20
Misener, Donald 142
momento, angular 36
momento, conservação do 96, 98
Moore, Gordon 116
Mozart, Wolfgang Amadeus 82

N

nanotecnologia 116, 122
navegação de aves 112, 150
nêutron 56, 57, 76, 1367, 148
Newton, Isaac 45, 63, 82
Nimtz, Günter 82
níveis eletrônicos 58
números quânticos 57, 58

O

Onnes, Heike Kamerlingh 140, 142
Oppenheimer, Robert 88

P

pares de Cooper 116, 126, 140
partículas alfa 76, 80
Pauli, Wolfgang 38, 58
Pendry, John 132
Penrose, Roger 90, 150
Planck, Max 16, 18, 20, 32, 44, 147
Podolsky, Boris 98, 100
Politzer, H. David 148
pontos quânticos 97, 106, 130
pósitron 56, 57, 62
prêmio Nobel de Física
 1913 Heike Kamerlingh Onnes 140
 1918 Max Planck 16
 1921 Albert Einstein 20
 1922 Niels Bohr 26
 1933 Erwin Schrödinger e Paul Dirac 44, 62
 1956 John Bardeen, Walter Brattain e William Shockley, 120
 1972 John Bardeen, Leon N. Cooper e John R. Schrieffer, 140
 1973 Leo Esaki, Brian Josephson e Ivar Giaever, 128
 1978 Pyotr Kapitsa, 142
 1986 Gerd Binnig e Heinrich Rohrer, 80
 2004 David Gross, H. David Politzer e Frank Wilzcek, 148
 2012 Serge Haroche e David J. Wineland, 106, 42,
prêmio Nobel de Fisiologia ou Medicina
 2003 Paul Lauterbur e Peter Mansfield, 124
Princípio de Exclusão de Pauli 56, 58, 117, 130, 137, 142
projeto Manhattan 76, 88
problema da medição" 50
próton 56, 76, 136, 148, 150

Q

quanta 15, 16, 18, 24
quarks 56, 57, 136, 137, 148

R

radiação gama 76
radiação Hawking 14, 16
relação de Planck 18
ressonância magnética, aparelho imageador por 9, 96, 124, 140
retículo fotônico 117, 132
Rohrer, Heinrich 80
Rosen, Nathan 98, 100
Rosenfeld, Léon 22
Rutherford, Ernest 24

S

salto quântico 15, 24
Schrieffer, John R. 140
Schrödinger, Erwin 27, 28, 40, 42, 445, 48, 57, 100
 conhece Satyendra Bose 147
 critica EPR 98
 diretor de física teórica em Dublin 45
 e Bohr 27
 emaranhamento quântico 100
 equação de onda 28, 42, 45, 50, 60, 77, 89
 gato de Schrödinger 445, 46, 77, 90, 92, 100
 mecânica de matrizes 40, 48, 57
 misticismo e filosofia orientais 45
Schwinger, Julian 68
semicondutores 80, 116, 118, 120, 130, 132
Shockley, William 120
silício 120, 130
singularidade 14, 136, 137, 152
sobreposição quântica 37, 46, 52, 56, 76, 78, 84, 967, 100, 106, 120, 126, 150
Sommerfeld, Arnold 58
SQUIDS 117, 126, 128
Stern, Otto 38
Sudarshan, E.C. George 112
supercondutividade e supercondutores 117, 120, 124, 126, 129, 137, 140, 142

T

T'Hooft, Gerard 64
tempo de tunelamento zero 77
teorema de Bell 102, 103
teoria das cordas 152
teoria de campo unificada 64
teoria de De Broglie-Bohm 86
Thomson, George 28, 30
Thomson, J. J. 24, 27
Tomonaga, SinItiro 68
tunelamento quântico 8, 77, 80, 82, 126, 130, 150

U

Uhlenbeck, George 38

V

Veltman, Martinus 64
Veselago, Victor 132
Von Neumann, John 90
Von Weizsäcker, Carl 27

W

Wheeler, John Archibald 32, 72
Wien, Wilhelm 16
Wigner, Eugene 46, 62, 90
Wilzcek, Frank 148

Y

Young, Thomas 32

Z

Zeh, HeinzDieter
Zeilinger, Anton 104, 110
Zenão de Eleia 112

AGRADECIMENTOS

CRÉDITOS DAS IMAGENS

A Ivy Press gostaria de agradecer às seguintes pessoas e instituições por terem gentilmente autorizado a reprodução das imagens deste livro. Embora todos os esforços tenham sido feitos para atribuir os créditos das imagens, pedimos desculpas caso tenha ocorrido alguma omissão involuntária.

Todas as imagens por Shutterstock, Inc./www.shutterstock.com e Clipart Images/www.clipart.com, exceto se indicado.

Bettmann/Corbis: 44, 62, 67.
German Federal Archives: 41.
H. Raab: 111.
Kelvin Fagan/Cavendish Laboratory: 128.
Keystone/Getty Images: 88.
Library of Congress, D.C.: 26, 99.
NASA: 59.
Queens University, Belfast: 102.
SSPL/Getty Images: 71.

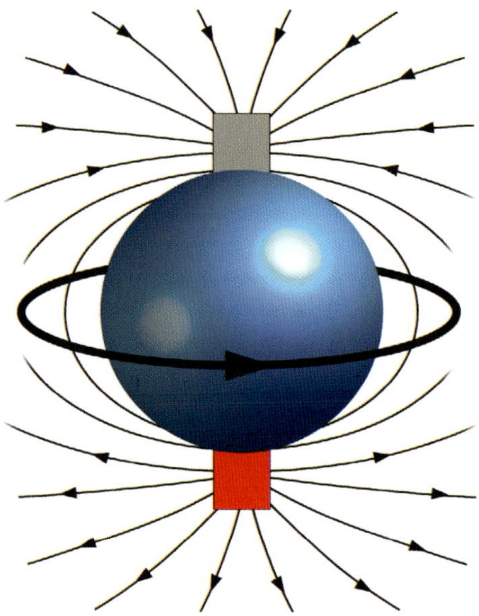